中天实训教程

CAD 三维建模
实训教程

编审委员会

（排名不分先后）

主　　任　　吴立国
副 主 任　　张　勇　刘玉亮
委　　员　　王　健　贺琼义　董焕和　缪　亮　赵　楠
　　　　　　刘桂平　甄文祥　钟　平　朱东彬　卢胜利
　　　　　　陈晓曦　徐洪义　张　娟
本书主编　　何　平　韩　柳

中国劳动社会保障出版社

图书在版编目（CIP）数据

CAD 三维建模实训教程／何平，韩柳主编. -- 北京：中国劳动社会保障出版社，2019

中天实训教程

ISBN 978 - 7 - 5167 - 3798 - 9

Ⅰ.①C…　Ⅱ.①何…　②韩…　Ⅲ.①计算机辅助设计- AutoCAD 软件-高等学校-教材　Ⅳ.①TP391.72

中国版本图书馆 CIP 数据核字（2019）第 042108 号

中国劳动社会保障出版社出版发行

（北京市惠新东街 1 号　邮政编码：100029）

*

北京市艺辉印刷有限公司印刷装订　　新华书店经销

787 毫米×1092 毫米　16 开本　17 印张　301 千字

2019 年 8 月第 1 版　　2019 年 8 月第 1 次印刷

定价：49.00 元

读者服务部电话：(010) 64929211∕84209101∕64921644

营销中心电话：(010) 64962347

出版社网址：http:∕∕www.class.com.cn

前　言

为加快推进职业教育现代化与职业教育体系建设，全面提高职业教育质量，更好地满足中国（天津）职业技能公共实训中心的高端实训设备及新技能教学需要，天津海河教育园区管委会与中国（天津）职业技能公共实训中心共同组织，邀请多所职业院校教师和企业技术人员编写了"中天实训教程"丛书。

丛书编写遵循"以应用为本，以够用为度"的原则，以国家相关标准为指导，以企业需求为导向，以职业能力培养为核心，注重应用型人才的专业技能培养与实用技术培训。丛书具有以下特点：

以任务驱动为引领，贯彻项目教学。将理论知识与操作技能融合设计在教学任务中，充分体现"理实一体化"与"做中学"的教学理念。

以实例操作为主，突出应用技术。所有实例充分挖掘公共实训中心高端实训设备的特性、功能以及当前的新技术、新工艺与新方法，充分结合企业实际应用，并在教学实践中不断修改与完善。

以技能训练为重，适于实训教学。根据教学需要，每门课程均设置丰富的实训项目，在介绍必备理论知识基础上，突出技能操作，严格遵守实训程序，有利于技能养成和固化。

丛书在编写过程中得到了天津市职业技能培训研究室的积极指导，同时也得到了天津职业技术师范大学、河北工业大学、红天智能科技（天津）有限公司、天津市信息传感与智能控制重点实验室、天津增材制造（3D打印）示范中心的大力支持与热情帮助，在此一并致以诚挚的谢意。

由于编者水平有限，经验不足，时间仓促，书中的疏漏在所难免，衷心希望广大读者与专家提出宝贵意见和建议。

编审委员会

内容简介

本书介绍了 CAD 三维建模实训的相关内容，以典型零件的设计讲解为重点，包含了大量实践验证的零件图样，具有很强的三维建模实训的可操作性。

本书是天津职业技术师范大学机械学院多年从事机械 CAD/CAM 教学和实训的经验总结，其教学内容经过多年的教学和实训的验证，适合三维建模实训操作方面的职业培训，可作为大学、职业院校（技工学校）的机械类专业机械 CAD/CAM 的实训教材，也可供从事 CAD 设计相关工作的科研、工程技术人员参考。

本书由天津职业技术师范大学和中天实训中心的教师合作编写，全书由何平组织和统稿。编写成员及分工为：何平（第 1 章），韩柳（第 2 章），缪亮（第 3 章），张鹏（第 4 章），何平、韩柳、何欣、尚辰（第 5 章），赵聪、刘佳（第 6 章），张海涛（第 7 章），张恩凤（第 8 章）。

本书在编写过程中，得到了天津海河教育园区管委会的大力支持，在此特向管委会表示感谢。

由于编者的水平有限，书中难免存在一些疏漏和不足之处，恳请读者批评指正。

编　者
2019 年 8 月

目　录

第 1 章

三维造型设计概述

要点：

- 熟悉 CATIA 的操作界面
- 掌握 CATIA 常用操作环境的设置

1.1 概　　述

CAD（Computer Aided Design）是计算机辅助设计的简称。其技术起始于 20 世纪 50 年代的美国，最早应用于飞机工业。我国 CAD 技术的应用开始于 20 世纪 70 年代末期。

CAD 技术是当今世界发展最快的技术之一，已经在机械制造、航天、建筑、管道、电子、建材、纺织等众多领域得到应用，是提升产品研发、制造品质与速度的先进应用技术，是实现我国产业转型、创新驱动发展的重要技术手段。

CAD 技术不是传统设计方法的简单映像，也不是局限于个别步骤或环节中部分使用计算机作为工具，而是将计算机科学与工程领域的专业技术以及人的智慧和经验以现代的科学方法为指导结合起来，在设计的全过程中各尽所长，尽可能地利用计算机系统来完成那些重复性高、劳动量大、计算复杂以及单纯靠人工难以完成的工作，辅助而非代替工程技术人员完成整个过程，以获得最佳效果。

目前，产品的开发方式已由传统的手工绘图设计和纯二维绘图的 CAD 设计模式全面转向计算机三维造型设计模式。计算机三维造型技术能逼真地虚拟现实模型，以立体的、有光有色的画面表达设计人员的设计思维，较传统的二维设计图更符合人的思维习惯与视觉习惯，并能使产品设计人员从本质上减轻大量重复和烦琐的工作，使他们能集中精力进行富有创造性的高层次创新设计活动，因此，三维造型设计逐渐成为 CAD 技术的主要发展方向，并取代了传统设计，成为现代设计的主流模式。

采用三维造型设计的 CAD 软件已普遍采用参数化设计，能够构造各种复杂的产品形状，支持产品的装配设计，实现"自上而下"和"自下而上"等设计方法。现在一个大中型产品的设计不是一个人或少数几个人就能够完成的，三维造型设计的 CAD 软件已经支持局域网和广域网（Internet），通过网络将设计任务并行处理，使得设计人员之间的交流更容易，减少了交流过程中不必要的错误。计算机技术在设计中的应用已从以往的计算、绘图和制造发展到当今的三维建模、虚拟制造、智能设计以及 CAD/CAM*/CAE* 集成，使设计和生产一体化。现代三维造型设计技术已进入了成熟阶段。

航空航天业、汽车制造业自动化生产程度高，产品的设计生产周期相对较长，制造成本高，安全性能要求较高，产品制造种类相对比较固定，这些特点都与三维造型设计技术的功能特性相吻合，因此，三维造型设计软件在航空航天业、汽车制造业得到了更加广泛的应用，应用成果很多。

目前，商品化的三维造型设计软件比较多，应用情况也各有不同。表 1—1 列出了国内应用比较广泛的三维造型设计软件的基本情况。

表 1—1　　　　　　　　　　　常见三维造型设计软件的基本情况

软件名称	基本情况
CATIA	法国达索（Dassault Systemes）公司出品的 CAD/CAE/CAM 集成化大型软件，功能强大。由于其功能模块比较多，欲了解更多情况请访问其网站，网址：http://www.3ds.com/zh/products－services/catia/
NX	德国西门子（SIEMENS PLM SOFTWARE）公司出品的 CAD/CAE/CAM 集成化大型软件，功能强大。由于其功能模块比较多，欲了解更多情况请访问其网站，网址：http://www.plm.automation.siemens.com/zh_cn/products/nx/
Pro/Engineer	美国 PTC 公司出品的 CAD/CAE/CAM 集成化大型软件，功能强大。由于其功能模块比较多，欲了解更多情况请访问其网站，网址：http://zh－cn.ptc.com/
Autodesk Inventor	美国 AutoDesk 公司出品的三维 CAD 软件。欲了解更多情况请访问其网站，网址：http://www.autodesk.com.cn/products/inventor/overview
SolidWorks	法国达索（Dassault）公司出品的三维 CAD 软件，是达索中端市场的主打产品。欲了解更多情况请访问其网站，网址：http://www.solidworks.com.cn/
中望3D	广州中望软件出品的 CAD/CAM 集成化软件，是工业和信息化部推荐的军工企业三维 CAD/CAM 软件，是性价比比较高的三维 CAD/CAM 解决方案。欲了解更多情况请访问其网站，网址：http://www.zw3d.com.cn/
CAXA 3D 实体设计	北京数码大方科技股份有限公司（CAXA）出品的三维 CAD 软件。欲了解更多情况请访问其网站，网址：http://www.caxa.com

---

* CAM——Computer Aided Manufacturing, 计算机辅助制造。

　CAE——Computer Aided Engineering, 计算机辅助工程。

当然，还有一些三维造型设计软件，因为目前国内用户数量相对较少（如 Solid-Edge），或者实际应用偏向 CAM 领域（如 Mastercam 和 Cimatron E），所以没有在表 1—1 中列出。

上述三维造型设计软件在功能、价格、服务等方面各有侧重，功能越综合，性能越强大，价格也越高，对于使用者来说，应根据自己的实际情况，在充分调研的基础上选择购买合适的三维造型设计软件。

1.2　CATIA 软件简介

1.2.1　CATIA 软件发展简史

CATIA 是英文 Computer Aided Tri – dimensional Interface Application 的缩写，是法国 Dassault Systemes（达索）飞机公司开发的 CAD/CAE/CAM 一体化软件，软件的销售、方案实施和售后支持是由美国 IBM 公司来完成的。

CATIA 起源于 20 世纪 70 年代航空行业，法国达索飞机制造公司是其第一个用户。法国达索是世界著名的航空航天企业，其产品以幻影 2000 和阵风战斗机最为著名。CATIA 的产品开发商 Dassault Systemes 成立于 1981 年。从 1982 年到 1988 年，CATIA 相继发布了 V1 版本、V2 版本、V3 版本，并于 1993 年发布了功能强大的应用于 UNIX 平台的 V4 版本。为了使软件能够易学易用，Dassault Systemes 于 1994 年开始重新开发全新的 CATIA V5 版本。V5 版本应用于 UNIX 和 Windows 两种平台，其界面更加友好，功能也日趋强大，目前 CATIA V5 最新版本为 CATIA V5 R21。2008 年推出了 Dassault Systemes V6 系列的第一个版本——V6 R2009。CATIA V5 和 V6 是全球产品全生命周期管理（PLM）解决方案的应用核心。

1.2.2　CATIA 软件的应用

CATIA 的集成解决方案覆盖所有的产品设计与制造领域，如航空航天、汽车制造、造船、机械制造、电子、电器、消费品行业，CATIA 软件的曲面设计功能极其强大，其特有的 DMU 电子样机模块功能及混合建模技术更是推动着企业竞争力和生产力的提高。

1. 航空航天工业的应用

CATIA 源于航空航天工业，以其精确安全、可靠性高满足商业、国防和航空航天领域各种应用的需要。在航空航天业的多个项目中，CATIA 被应用于开发虚拟的原型机，其中包括美国波音公司（Boeing）的 Boeing 777 和 Boeing 737 客机（见图 1—1）、法国达索飞机制造公司的阵风（Rafale）战斗机（见图 1—2）、加拿大庞巴迪公司（Bombardier）的全球快车公务机（Global Express，见图 1—3）以及美国洛克西德·马丁公司（Lockheed Martin）的 Darkstar 无人驾驶侦察机（见图 1—4）等。

我国的歼 10 和歼 11 歼击机以及辽宁号航母上装备的舰载机歼 15 均使用了 CATIA 进行设计。

图 1—1　美国波音（Boeing 777）客机

图 1—2　法国达索阵风（Rafale）战斗机

图 1—3　加拿大全球快车公务机

图 1—4　美国 Darkstar 无人驾驶侦察机

CATIA 最著名的应用是在 Boeing 777 飞机设计中。参与 Boeing 777 项目的工程师、工装设计师、技师以及项目管理人员超过 1 700 人，分布于美国、日本、英国的不同地区。他们通过 1 400 套 CATIA 工作站联系在一起，进行并行工作。Boeing 公司的设计人员对除发动机以外的 100% 的机械零件进行了三维实体造型，并在计算机上对整个 Boeing 777 飞机进行了全尺寸的预装配。利用 CATIA 的参数化设计，美国波音公司不必重新设计和建立物理样机，工程师在预装配的数字样机上即可检查设计中的干涉和不协调并进行相关参数的更改，用户也可以在计算机上进行预览，得到满足自己需要的电子样机。Boeing 777

是迄今为止唯一进行 100% 数字化设计和装配的大型喷气客机。Boeing 飞机公司宣布在 Boeing 777 项目中与传统设计和装配流程相比较，应用 CATIA 节省了 50% 的重复工作和错误修改时间。尽管首架 Boeing 777 飞机的研发时间与应用传统设计流程的其他机型相比，其节省的时间并不是非常显著，但 Boeing 飞机公司预计，Boeing 777 后继机型的开发至少可节省 50% 的时间。CATIA 的后参数化处理功能显示出了其优越性和强大功能。

2. 汽车工业的应用

CATIA 是汽车工业的事实标准，是欧洲、北美和亚洲顶尖汽车制造商所用的核心系统。CATIA 在造型风格、车身及发动机设计等方面具有独特的长处，为各种车辆的设计和制造提供了端对端（end to end）的解决方案。CATIA 涉及产品、加工和人三个关键领域。CATIA 的可伸缩性和并行工程能力可显著缩短产品上市时间。

一级方程式赛车、跑车、轿车、卡车、商用车、有轨电车、地铁列车、高速列车等各种车辆在 CATIA 上都可以作为数字化产品，在数字化工厂内通过数字化流程进行数字化工程实施。CATIA 的技术在汽车工业领域内是无人可及的，并且被各国的汽车零部件供应商所认可。从近年来一些著名汽车制造商，如日本丰田（Toyota，见图 1—5）、美国克莱斯勒（Chrysler，见图 1—6）、德国卡曼（Karman）、法国雷诺（Renault）、瑞典沃尔沃（Volvo，见图 1—7）等所做的采购决定，足以证明数字化车辆的发展动态。

我国一汽的夏利、威志汽车和二汽的东风风神等汽车也使用了 CATIA 进行设计。

图 1—5　日本丰田（Toyota）

图 1—6　美国克莱斯勒（Chrysler）

瑞典斯堪尼亚（Scania）是居于世界领先地位的卡车制造商（见图 1—8），其卡车年产量超过 5 万辆。当其他竞争对手的卡车零部件还在 25 000 个左右时，Scania 公司借助于 CATIA 系统，已经将卡车零部件减少了一半。现在，Scania 公司在整个卡车研制开发过程中使用更多的分析仿真，以缩短开发周期，提高卡车的性能和维护性。CATIA 系统是 Scania 公司的主要 CAD/CAM 系统，全部用于卡车系统和零部件设计。通过应用这些新的设

图 1—7 沃尔沃（Volvo）

图 1—8 瑞典斯堪尼亚（Scania）卡车

计工具，如发动机和车身底盘部门 CATIA 系统创成式零部件应力分析的应用，支持开发过程中的重复使用等应用，公司已取得了良好的投资回报。现在，为了进一步提高产品的性能，Scania 公司在整个开发过程中，正在推广设计师、分析师和检验部门更加紧密的协同工作方式。这种协同工作方式可使 Scania 公司更具市场应变能力，同时又能从物理样机和虚拟数字化样机中不断积累产品知识。

3．造船工业的应用

CATIA 为造船工业提供了优秀的解决方案，包括专门的船体产品和船载设备、机械解决方案，涉及所有类型船舶的零件设计、制造、装配。船体的结构设计与定义是基于三维参数化模型的。参数化管理零件之间的相关性，相关零件的更改可以影响船体的外形。船体设计解决方案与其他 CATIA 产品是完全集成的。船体设计解决方案已被应用于众多船舶制造企业，例如，美国通用动力电船公司（General Dynamic Electric Boat）和纽波特纽斯造船厂（Newport News Shipbuilding）使用 CATIA 设计及建造美国海军的新型弗吉尼亚级核攻击潜艇（见图 1—9）；巴斯钢铁公司（Bath Iron Works）应用创成式外形设计模块，进行驱逐舰的概念设计。

图 1—9 美国海军弗吉尼亚级"夏威夷"号（SSN–776）核攻击潜艇

4．消费品方面的应用

在消费品方面，CATIA 已用于设计和制造如餐具、计算机、厨房设备、电视机和收音机、庭院设备等多种产品。

为了验证一种新的概念在美观和风格选择上是否一致，CATIA 可以从数字化定义的产品生成具有真实效果的渲染照片，在真实产品生成之前即可促进产品的销售。

CATIA 也显示出了在非高科技行业的应用价值。例如，使用 CATIA 设计的某洗发水的包装瓶（见图 1—10），这使得不光是包装设计人员，其他非技术人员，如销售人员、采购人员、管理人员等都可以快速浏览大量产品照片。这一点在卫生用品制造业是非常重要的，因为在这个行业中包装是唯一不同的产品。

图 1—10　使用 CATIA 设计的某洗发水的包装瓶

1.3　CATIA V5 R20 软件基本操作

1.3.1　系统启动

启动 CATIA V5 R20 系统常用的方法有以下两种：

方法 1：在桌面上，选择"开始"→"所有程序（P）"→"CATIA"→"CATIA V5 R20"，启动系统。

方法 2：在桌面上，用鼠标左键双击 CATIA V5 R20 快捷方式图标 ，启动系统。

这个快捷方式是通过 CATIAENV 或 setcatenv 创建的。正式工具可以确保启动时后台不出现空白 DOS 窗口，从而保证 CATIA 能正常运行。

如果使用自定义属性创建的启动快捷方式，会多出现一个空白的 DOS 窗口，因为 CATSTART. exe 是批处理可执行程序，Windows 会自动生成此窗口。此时关闭空白的 DOS 窗口，CATIA 系统也将会被关闭。

注意：CATIA 系统启动较慢，双击图标后需耐心等待，如多次双击图标，会重复启动多个进程。

1.3.2　工作界面

如图 1—11 所示，CATIA 的工作界面主要由以下七个部分组成：

1. 主菜单栏：负责调用程序的所有功能模块。

2. 文档窗口：在窗口内绘制各种图形。CATIA 支持同时打开多个文档，但只能对当前活动文档进行编辑操作。

3. 结构树：按照顺序记录所执行的操作和创建的元素、约束等，可以对各项操作进行查看和编辑。

4. 工具图标栏：常用命令的快捷图标。工具图标栏可定制。

5. 命令提示栏：提供光标所指定位置的简要说明或命令的下一步提示。

6. 命令栏：显示光标所指定工具图标命令或手工输入命令。

7. 3D 指南针：用于捕获视点和材料的视点展示。

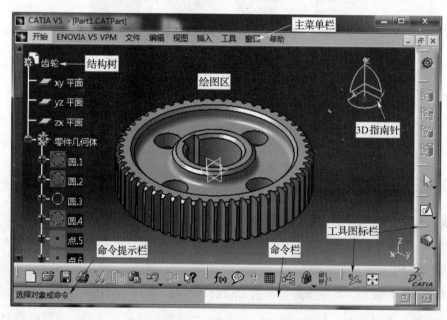

图 1—11　CATIA 的工作界面

1.3.3　主菜单栏

CATIA 主菜单栏主要包括开始、ENOVIA V5 VPM、文件、编辑、视图、插入、工具、窗口和帮助等下拉菜单，如图 1—12 所示。其中的 ENOVIA V5 VPM 由于是连接网络协同设计数据库的，在单机模式时是无效的。

图 1—12　主菜单栏

1."开始"菜单

"开始"菜单是一个导航工具，用于帮助使用者在不同的功能模块之间进行切换，如图 1—13 所示。根据安装时的配置和购买产品的授权情况，实际的菜单内容会有差异。

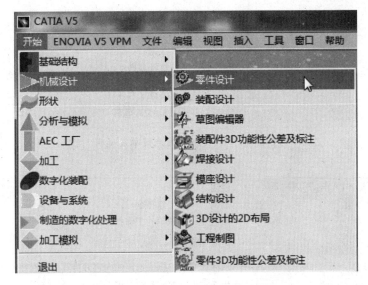

图 1—13　缺省"开始"菜单

"开始"下拉菜单由功能模块、文档名称和退出系统命令三部分组成。在 CATIA 软件使用过程中，根据设计的需要，经常要切换进入多个功能模块。

2."文件"菜单

"文件"下拉菜单及说明如图 1—14 所示。

3."编辑"菜单

"编辑"下拉菜单及说明如图 1—15 所示。

注意：有些菜单命令是灰色（即暗色）的，这是因为当前功能不可用，一旦进入可以发挥这些功能的环境，CATIA 会自动将这些命令加亮。

4."视图"菜单

"视图"下拉菜单及说明如图 1—16 所示。

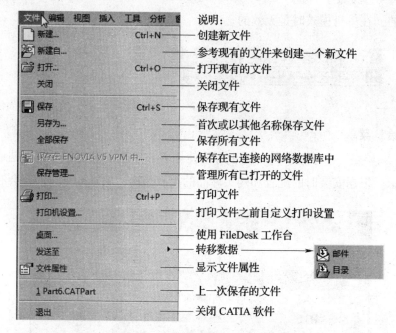

图 1—14 "文件"下拉菜单及说明

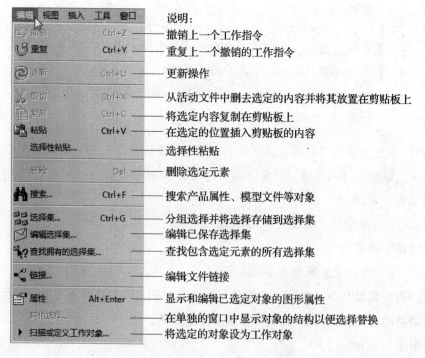

图 1—15 "编辑"下拉菜单及说明

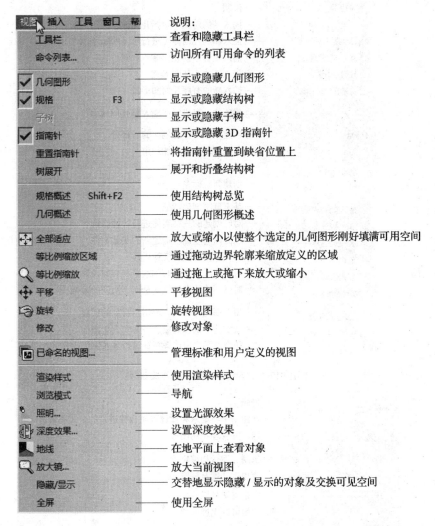

图1—16　"视图"下拉菜单及说明

5."插入"菜单

"插入"下拉菜单在不同的功能模块中，其包含的菜单内容有很大的差异。如图1—17所示的内容是在机械设计下的零件设计模块中。

6."工具"菜单

"工具"下拉菜单及说明如图1—18所示。

7."窗口"菜单

"窗口"下拉菜单及说明如图1—19所示。

8."帮助"菜单

"帮助"下拉菜单及说明如图1—20所示。

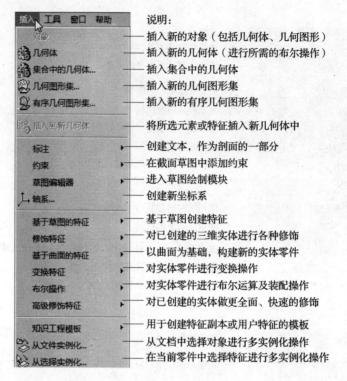

说明:
— 插入新的对象（包括几何体、几何图形）
— 插入新的几何体（进行所需的布尔操作）
— 插入集合中的几何体
— 插入新的几何图形集
— 插入新的有序几何图形集

— 将所选元素或特征插入新几何体中

— 创建文本，作为剖面的一部分
— 在截面草图中添加约束
— 进入草图绘制模块
— 创建新坐标系

— 基于草图创建特征
— 对已创建的三维实体进行各种修饰
— 以曲面为基础，构建新的实体零件
— 对实体零件进行变换操作
— 对实体零件进行布尔运算及装配操作
— 对已创建的实体做更全面、快速的修饰

— 用于创建特征副本或用户特征的模板
— 从文档中选择对象进行多实例化操作
— 在当前零件中选择特征进行多实例化操作

图 1—17 "插入"下拉菜单及说明

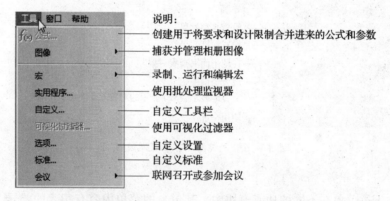

说明:
— 创建用于将要求和设计限制合并进来的公式和参数
— 捕获并管理相册图像

— 录制、运行和编辑宏
— 使用批处理监视器
— 自定义工具栏
— 使用可视化过滤器
— 自定义设置
— 自定义标准
— 联网召开或参加会议

图 1—18 "工具"下拉菜单及说明

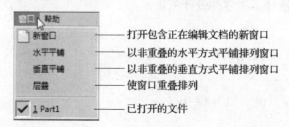

— 打开包含正在编辑文档的新窗口
— 以非重叠的水平方式平铺排列窗口
— 以非重叠的垂直方式平铺排列窗口
— 使窗口重叠排列

— 已打开的文件

图 1—19 "窗口"下拉菜单及说明

14

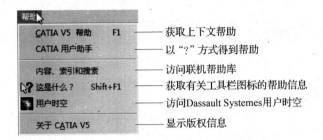

图 1—20   "帮助"下拉菜单及说明

1.3.4 工具栏

1."标准"工具栏

"标准"工具栏如图 1—21 所示,图标说明见表 1—2。

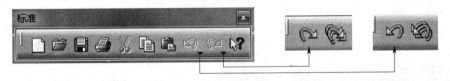

图 1—21   "标准"工具栏

表 1—2   "标准"工具栏图标说明

图标	说明
	创建新文档
	打开现有文档
	保存现有文档
	快速打印文档而不自定义打印设置
	除去选定内容,并将其放入剪贴板上
	将选定内容复制到剪贴板上
	在选定的位置上插入剪贴板上的内容
	撤销上一个工作指令

续表

图标	说明
	撤销最后若干个工作指令
	重复上一个撤销的工作指令
	重复最后若干个撤销的工作指令
	使用"这是什么?"命令

2. "视图"工具栏

"视图"工具栏有以下三种不同的配置。

（1）"检查"模式下的"视图"工具栏，如图1—22所示。这是默认的"视图"工具栏。

进入"检查"模式：选择"视图"（"浏览方式"）"检查"。

图1—22 "检查"模式下的"视图"工具栏

（2）"步行"模式下的"视图"工具栏，如图1—23所示。

进入"步行"模式：选择"视图"（"浏览方式"）"步行"。

图1—23 "步行"模式下的"视图"工具栏

（3）"飞行"模式下的"视图"工具栏，如图1—24所示。

进入"飞行"模式：选择"视图"（"浏览方式"）"飞行"。

图1—24 "飞行"模式下的"视图"工具栏

"视图"工具栏图标说明见表1—3。

表1—3   "视图"工具栏图标说明

图标	说明
	设置飞行方式
	飞行通过模型
	步行通过模型
	退回到检查模式下的"视图"工具栏
	放大或缩小以使整个几何图形适合可用空间
	以设计者为球心转动几何体
	加快飞行或步行速度
	减慢飞行或步行速度
	法向视图,即用选择平面的法向显示零部件
	创建多视图,即在当前窗口中创建多个不同视点的视图
	参见使用标准视图
	前视图
	后视图
	左视图
	右视图

续表

图标	说明
	俯视图
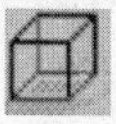	底视图
	已命名视图，管理标准和用户定义的视图，如图1—25所示
	以着色的方式显示几何图形
	以含边线着色的方式显示几何图形
	以含边线着色，但不显示光顺边线的方式显示几何图形
	以含边线和隐藏边线着色的方式显示几何图形
	以含材料着色的方式显示几何图形
	以线框的方式显示几何图形
	自定义视图模式
	平移视图，也可在绘图区按住鼠标中键＋移动鼠标来平移
	旋转视图，也可在绘图区同时按住鼠标中键＋右键＋移动鼠标来旋转
	放大视图
	缩小视图
	隐藏对象
	显示隐藏对象

也可在绘图区按住鼠标中键＋右键＋移动鼠标来放大或缩小

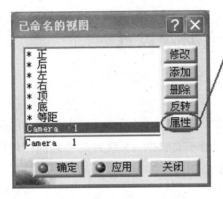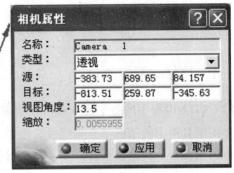

图1—25 已命名视图

当进入"飞行"模式和"步行"模式时，必须将视图投影方式设置为"透视"。单击"检查"模式下视图工具栏中的 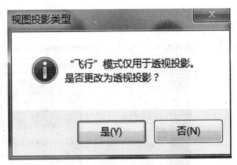，会自动弹出"视图投影类型"对话框，如图1—26所示。单击"是"，视图投影方式设置为"透视"。

图1—26 设置视图投影类型（一）

退出"飞行"模式和"步行"模式时，视图投影方式设置不会自动返回"平行"方式，需要在主菜单栏中选择"视图"→"渲染样式"→"平行"。

透视投影（Prospective）视图的投影方式与照相机相似，较接近于视觉成像，即"远小近大"（见图1—27），但视差会造成尺寸难以准确表达，所以在设计过程中通常不使用透视方式。

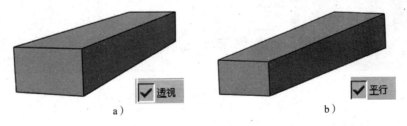

a)　　　　　　　　　　　　　　　b)

图1—27 设置视图投影类型（二）

a）透视投影　b）平行投影

1.4 常用的操作环境设置

1.4.1 恢复图标栏的位置

虽然CATIA进程中的每个命令都可在菜单栏的"插入"（Insert）中找到，但操作者更愿意使用工具栏中的图标命令来完成其操作。由于CATIA V5软件每个功能模块中的图标栏都很多，而且可以随意摆放，因此使用者有时会找不到自己想用的图标栏。

在CATIA菜单栏中单击"工具"→"自定义"菜单，然后在弹出的"自定义"对话框中选择"工具栏"（Toolbars）选项卡，单击"恢复位置"（Restore position）按钮（见图1—28），则该工作台中所有图标栏的位置将被恢复至初始状态。

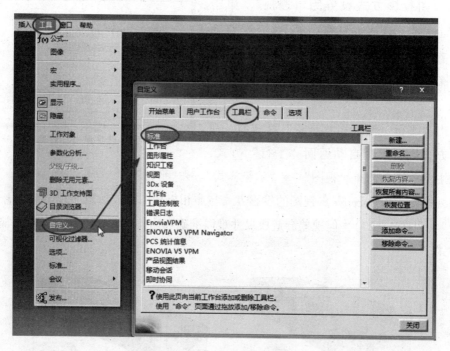

图1—28 恢复图标栏的位置

1.4.2 更改用户界面语言

CATIA V5软件提供了多语言工作环境。CATIA V5 R20能提供的界面语言包括英语、法语、德语、意大利语、日语、韩语、简体中文。在如图1—28所示"自定义"对话框中，选择最后一个"选项"（Options）选项卡，在该选项卡中可以更改"用户界面语言"

（User Interface Language）。选择所需要的语言，或选择"环境语言（默认）"［Environment language（default）］项，软件会自动调整与系统语言一致，如图1—29所示。

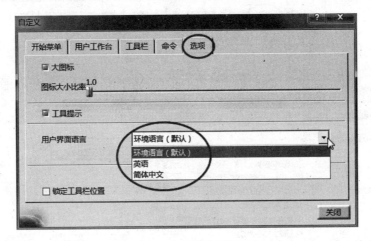

图1—29　更改用户界面语言

注意：更改语言后需重新启动 CATIA，更改用户界面语言才能生效。

1.4.3　设定默认单位制

使用 CATIA 的过程中，如果软件的默认单位不满足设计需求，可以通过更改 CATIA 环境变量的方式更改其默认的单位制。在菜单栏中单击"工具"（Tools）→"选项…"（Options…）进行环境变量的设置，如图1—30所示。

在"选项"对话框中，可以设置整个软件的通用环境变量，而其他各项则是某个具体功能模块所特有的环境变量。特有环境变量的设定很复杂，涉及诸如软件计算原理、数学模型等问题。对于初学者这里只讲常用和基本的设置，其他内容在具体讲解功能模块时再做讨论。

更改默认单位制时，可在"选项"对话框左侧单击"常规"，选择"参数和测量"（Parameters and Measure），在右侧选项卡中选择"单位"（Units）选项卡即可，更改后所有尺寸将按照新设定的单位转化。设定结束，单击"确定"即可。图1—30中，是将体积的默认单位由"立方米"更改为"立方毫米"。

在多数机械类 CAD 软件中以毫米（mm）为默认的长度单位，而设计工厂和设计船舶的软件中，一般是以米（m）为默认的长度单位。在保存或转换成中间格式时不加以单位声明。而大多数 CAE 软件是以米（m）为默认的长度单位。所以，在多个系统间传递数据时一定要注意单位。

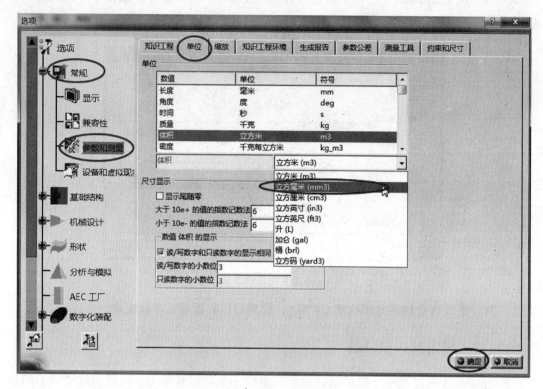

图 1—30　更改默认单位设定

1.4.4　调整显示精度

当设计的零件尺寸过小或过大时，可能需要调整 CATIA 软件的显示精度。可在菜单栏中单击"工具"→"选项…"进行设置。

如图 1—31 所示，在"选项"对话框左侧单击"常规"，选择"显示"，在右侧选项卡中选择"性能"选项卡，即可更改显示精度。

1. 2D 精度与3D 精度

2D 精度与 3D 精度都有两种设定形式，即按比例（Proportional）和固定（Fixed）。使用"固定"设定，则软件不管当前显示几何图形尺寸的大小，显示曲面或曲线时所使用的分割值是一定的。而使用"按比例"，软件会根据显示几何图形的大小自动调整分割值。对于同一个设定值，显示的几何图形越大则显示越粗糙，所以建议使用"按比例"；设定的值越小，则显示的几何图形越精确。在右侧的示意图上可看到相应的变化。

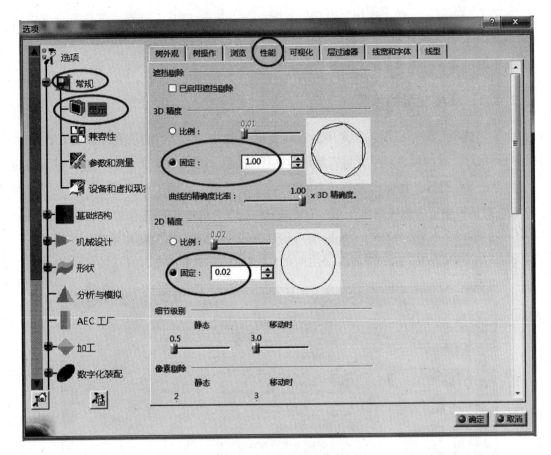

图 1—31　调整显示精度

2．细节级别

细节级别（Level of detail）是设定显示复杂几何图形的高阶次细节。"静态"（Static）是不移动几何图形时的精度。"移动时"（While Moving）是旋转、平移、缩放时几何图形的显示精度。设定的值越小，则显示越精确。

显示细节是以计算机速度为代价的，所以建议将"移动时"的数值设大一点，"静态"的值设小一点。当移动完几何图形后，软件会立即细化显示细节，这可以大幅度地改善显示性能。

1.4.5　关系和参数在结构树中的显示

当设计的零件使用了关系和参数的设计方法时，由于 CATIA 默认在结构树中并不显示用户定义的关系和参数，为了方便设计，需要在结构树中显示用户自定义的关系和参数。可在菜单栏中单击"工具"→"选项…"进行设置。

如图 1—32 所示，在"选项"对话框左侧单击"基础结构"，选择"零件基础结构"，在右侧选项卡中选择"显示"选项卡，将参数和关系前的方框选中，单击"确定"后，结构树中就可以显示用户自定义的参数和关系。

1.4.6 环境变量的恢复

由于"选项"对话框中包含太多的环境变量，用户经常因为随意更改造成 CATIA 软件运行不正常，这时可将环境变量恢复到初始状态。在如图 1—32 所示"选项"对话框的左下角单击 ![icon] 图标，将弹出"重置"（Reset）对话框，如图 1—33 所示。用户可以在"重置"对话框中选择此项选项卡页（of this tabpage）、仅选定的工作台（for the selected workbench only）、仅选定的解（for the selected solution only）、选定的解及其关联的工作台（for the selected solution and its associated workbenches）或所有选项卡页（for all tabpages）。

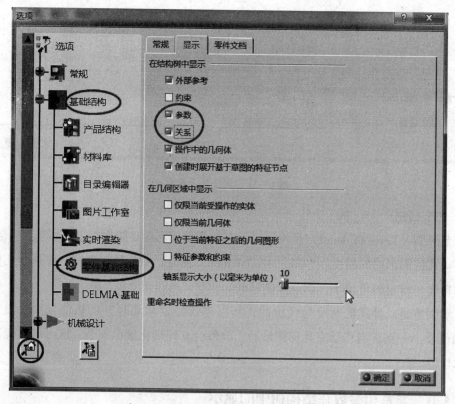

图 1—32 关系和参数在结构树中的显示

CATIA 使用人员过多或时间过久，有时会由于环境变量不对，造成 CATIA 进程无法启动，这时可以从"程序（P）"中找到 CATIA V5 程序组，展开"Tools"项目，启动"Software Management V5RX"，在不启动 CATIA 软件的情况下进入"选项…"（Options…）

对话框，将相关变量恢复到初始状态，CATIA 就可以正常使用了。

1.4.7 CATIA 绘图区的图形突然变成灰色图形的处理

在设计过程中，有时在 CATIA 绘图区的图形会突然变成灰色而不能拖动，其原因是进入了结构树的调整模式。解决方法有以下两种：

方法一：点一下模型树上的白线条，退出结构树调整模式。

方法二：CATIA 绘图区的右下角有一个小的 "*xyz*" 坐标系，点一下也可以退出该模式。

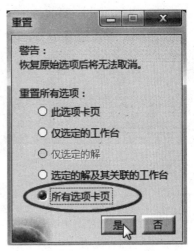

图1—33 重置所有的环境变量

第 2 章

零件的二维线框造型

要点：

- 掌握 CATIA 二维线框创建、编辑和变换等常用的操作指令

2.1 概　述

　　CATIA V5 软件中的草图绘制器（Sketcher）模块是进行三维设计的基础，它为后续的三维设计提供了强大而灵活的二维辅助功能，所以，在很多 CATIA 的三维设计环境中都嵌入了草图绘制器。

　　由于二维是三维的子空间，因此用户一般不直接进入草图绘制器，而是首先进入一个基于三维的功能模块，在三维的环境下确定一个平面为二维草图基面，然后才进入草图绘制器。当然，几乎所有 CATIA V5 的三维设计模块都可以直接转到草图绘制器，甚至从有些命令的对话框中也可以转到草图绘制环境。

　　直接进入草图绘制器的操作方法如下：在菜单栏上选择"开始"→"机械设计"→"草图绘制器"，CATIA 软件会自动进入一个三维工作台，等用户选择绘图基平面后再进入草图绘制器工作台。

　　CATIA 的初学者接触最多的三维模块就是零件设计（Part Design）模块，建议先进入零件设计模块。在 CATIA 菜单栏中选择"开始"→"机械设计"→"零件设计"。在绘图区或历程树上选择一个平面，可以是参考平面或是任何"平"的面（无论是实体的面或曲面）。在本章中可以选择系统默认的三个参考平面（xy 平面、yz 平面、zx 平面）中的任意一个，如图 2—1 所示。先选择左侧结构树中的 xy 平面，再单击右侧图标栏中的"草图"图标，就进入了草图绘制器。

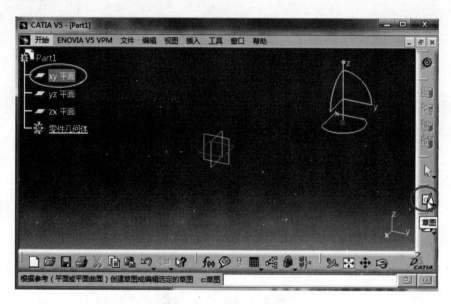

图 2—1　进入草图绘制器

2.2　草图绘制命令简介

进入草图绘制模块后，单击 CATIA 主菜单栏中的"插入"菜单，如图 2—2 所示。下拉菜单中的命令说明如下：

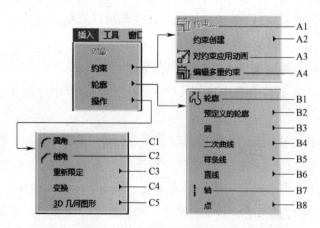

图 2—2　草图绘制的下拉菜单

A1：对选定的元素进行约束。在使用该命令时，必须先选中元素。

A2：建立元素及元素之间的尺寸约束和几何约束。

A3：建立约束动画。

A4：用于修改选定对象的尺寸约束。

B1：创建连续轮廓线（可连续绘制直线和圆弧，也可以是直线或圆弧）。

B2：建立预定义好的图形模板。

B3：创建圆，包括四种创建圆的方法和三种创建圆弧的方法。

B4：创建二次曲线，包括椭圆、抛物线、双曲线及圆锥曲线的创建。

B5：创建样条曲线及连接曲线。

B6：创建直线，可用五种不同的方式创建直线。

B7：创建轴线。

B8：创建点，可用五种不同的方式创建点。

C1：创建圆角，包括六种不同的圆角方式。

C2：创建倒角，包括六种不同的倒角方式。

C3：草图的再限制操作，用于对草图进行修剪、分段、快速修剪、封闭及互补等操作。

C4：草图的变换操作，用于对草图进行移动、镜像、旋转和比例缩放等操作。

C5：三维实体操作，包括三维元素的投影、相交操作等。

上述插入菜单中的命令绝大多数都以快捷按钮的方式同时出现在绘图区的工具栏中，如图 2—3、图 2—4 和图 2—5 所示。

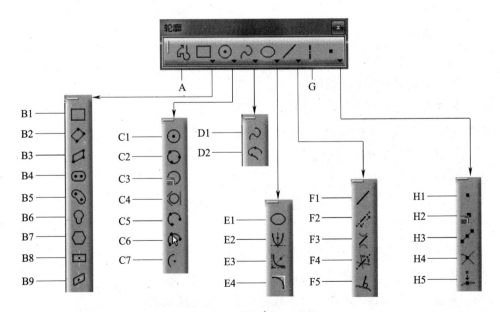

图 2—3 "轮廓"工具栏

如图 2—3 所示"轮廓"工具栏中的按钮说明如下：

A：创建连续轮廓线，可连续绘制直线、相切弧和三点弧。

B1：通过确定矩形的两个对角顶点，绘制与坐标轴平行的矩形。

B2：选择三点来创建矩形。

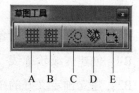

图 2—4 "草图工具"工具栏

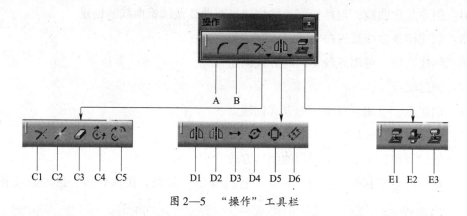

图 2—5 "操作"工具栏

B3：通过选择三点来创建平行四边形。选择的三个点为平行四边形的三个顶点。

B4：创建延长孔。延长孔是由两段圆弧和两条直线组成的封闭轮廓。

B5：创建弧形延长孔，又称圆柱形延长孔。圆柱形延长孔是由四段圆弧组成的封闭轮廓。

B6：创建钥匙孔轮廓。钥匙孔轮廓是由两平行直线和两段圆弧组成的封闭轮廓。

B7：创建正六边形。

B8：创建定义中心的矩形。

B9：创建定义中心的平行四边形。

C1：通过确定圆心和半径创建圆。

C2：通过确定圆上的三个点来创建圆。

C3：通过输入圆心坐标值和半径值来创建圆。

C4：创建与三个元素相切的圆。

C5：通过三个点绘制圆弧。

C6：在草图平面上选择三个点，系统过这三个点作圆弧，其中第一个点和第三个点分别作为圆弧的起点和终点。

C7：通过确定圆弧起点、终点以及圆心绘制圆弧。

D1：通过定义多个点来创建样条曲线。

D2：创建样条连接线，即通过样条线将两条曲线连接起来。

E1：创建椭圆。

E2：创建抛物线。

E3：创建双曲线。

E4：创建圆锥曲线。

F1：通过两点创建线。

F2：创建直线，该直线是无限长的。

F3：创建双切线，即与两个元素相切的直线。

F4：创建角平分线，角平分线是无限长的直线。

F5：创建曲线的法线。

G：通过两点创建轴线，创建的轴线在图形区以点画线形式显示。

H1：创建点。

H2：通过定义点的坐标来创建点。

H3：创建等距点（是在已知曲线上生成若干等距离点）。

H4：创建交点。

H5：创建投影点。

如图 2—4 所示"草图工具"工具栏中的按钮说明如下：

A：打开或关闭网格。

B：打开或关闭网格捕捉。

C：切换标准或构造几何体。

D：打开或关闭几何约束。

E：打开或关闭自动标注尺寸。

如图 2—5 所示"操作"工具栏中的按钮说明如下：

A：创建圆角。

B：创建倒角。

C1：使用边界修剪元素。

C2：将选定的元素断开。

C3：快速修剪选定的元素。

C4：将不封闭的圆弧或椭圆弧转换为封闭的圆或椭圆。

C5：将圆弧或椭圆弧转换为与之互补的圆弧或椭圆弧。

D1：镜像选定的对象，镜像后保留原对象。

D2："对称"命令，在镜像复制选择的对象后删除原对象。

D3："平移"命令，将图形沿着某一条直线方向移动一定的距离。

D4："旋转"命令，将图形绕中心点旋转一定的角度。

D5：比例缩放选定的对象。

D6：将图形沿着法向进行偏置。

E1：平面投影，将三维物体的边线投影到草图工作平面上。

E2：平面交线，用于创建实体的面与草图工作平面的交线。

E3：析出轮廓，可以将与草图工作平面无相交的实体轮廓投影到草图工作平面上。

注意：这些按钮的使用频率并不均等，有些按钮每次都要使用（如约束创建），有些按钮很少使用。在后面的实例练习中，应随着操作次数的增加逐渐掌握并记忆常用按钮。

2.3 草图绘制实例操作

2.3.1 实例图样（见图2—6）

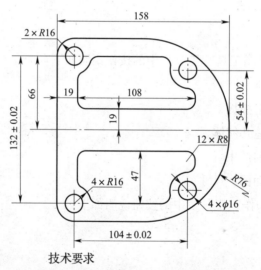

技术要求

零件壁厚为2，材料为不锈钢。

图2—6 垫片

2.3.2 操作步骤

1. 启动 CATIA

如图2—1所示，进入"草图绘制器"操作界面。

2. 绘制外轮廓线

（1）如图2—7所示，单击右侧工具栏内的"轮廓"图标，或在主菜单上选择"插入"→"轮廓"→"轮廓"，打开"草图工具栏"。

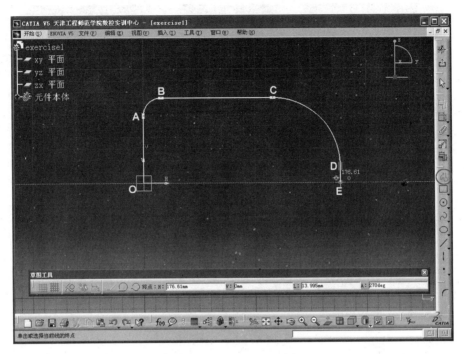

图 2—7　绘制垫片外轮廓

（2）在草图工具栏内单击"直线"图标 ![](（该选择为默认选择，选中后为橙色
![](），以坐标原点为起点，绘制直线 *OA*。

（3）在草图工具栏内单击"相切弧"图标 ![] 绘制切弧 *AB*。

（4）绘制直线 *BC*。

（5）单击 ![] 绘制切弧 *CD*。

（6）绘制直线 *DE*，注意 *E* 点在水平轴线上。

3．标注尺寸

如图 2—8 所示，双击右侧工具栏内的"约束"图标 ![]，或在主菜单上选择"插入"
→"约束"→"约束创建"→"约束"，标注各线段尺寸。

4．修改尺寸

如图 2—9 所示，单击右侧工具栏内的"编辑多约束"图标 ![]，或在主菜单上选择
"插入"→"约束"→"编辑多约束"，弹出"编辑多约束"对话框，依次修改当前值，
单击"确定"。

注意：在"编辑多约束"对话框内各约束按标注尺寸时的操作顺序的倒序排列，蓝色
条为当前编辑的尺寸，该尺寸在图形中为橙色。

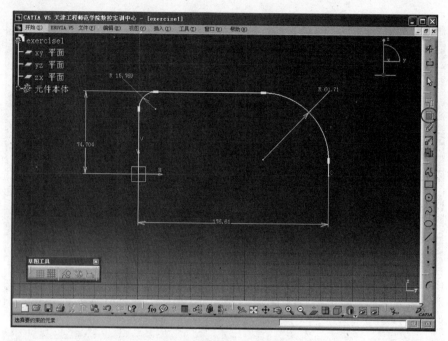

图 2—8　建立尺寸约束

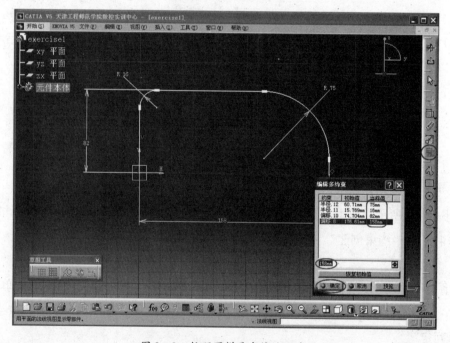

图 2—9　按照图样要求修改尺寸

5. 绘制内轮廓线

（1）如图 2—10 所示，单击 ⏚，以点 *F* 为起点，依次绘制直线 *FG* 和 *GH*。

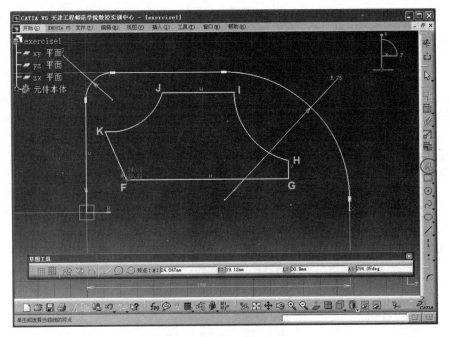

图2—10 绘制垫片内轮廓

（2）在草图工具栏内单击"三点弧"图标 ⟳ 绘制圆弧 *HI*。

（3）绘制直线 *IJ*。

（4）单击 ⟳ 绘制圆弧 *JK*。

（5）绘制直线 *KF*。

6. 设置约束

如图2—11 所示，选择直线 *KF*，单击右侧工具栏内的"在对话框中定义的约束"图标 ⊟，或在主菜单上选择"插入"→"约束"→"约束"，弹出"约束定义"对话框，选择"垂直"，单击"确定"，使直线 *KF* 成为垂线。

如图2—12 所示，按住键盘上的 Ctrl 键，同时选择 $R16$ mm 圆弧的圆心点 O_1 和圆弧 *JK* 的圆心点 O_2，单击 ⊟，弹出"约束定义"对话框，选择"相合"，单击"确定"，使圆心点 O_1 和 O_2 重合。

7. 标注尺寸

如图2—13 所示，双击 ⊟，标注内轮廓各线段尺寸。

8. 修改尺寸

如图2—14 所示，单击 ⊟，弹出"编辑多约束"对话框，依次修改当前值，单击"确定"。

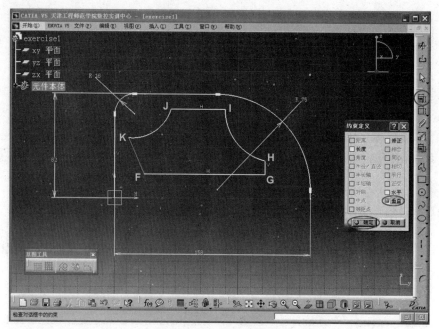

图 2—11　建立关系约束

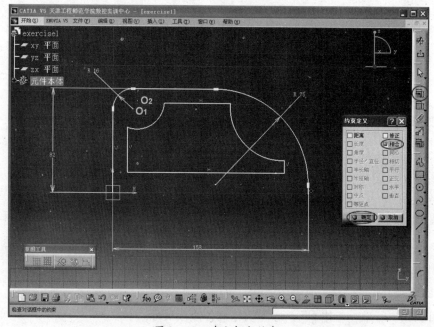

图 2—12　建立相合约束

9．绘制圆，标注和修改尺寸

（1）如图 2—15 所示，单击右侧工具栏内的图标 ⊙，或在主菜单上选择"插入"→"轮廓"→"圆"→"圆"，分别选择 R16 mm 圆弧的圆心点绘制圆 1 和圆 2。

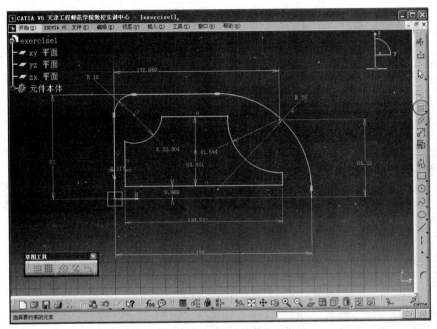

图 2—13　标注内轮廓的尺寸

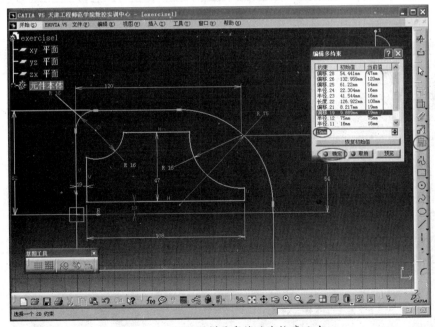

图 2—14　按照图样要求修改内轮廓尺寸

（2）双击 ，标注圆 1 和圆 2 的直径。

（3）双击圆 2 的直径值，弹出"约束定义"对话框（见图 2—16），修改其直径值为
"16"，单击"确定"。采用同样的方法修改圆 1 的直径值。

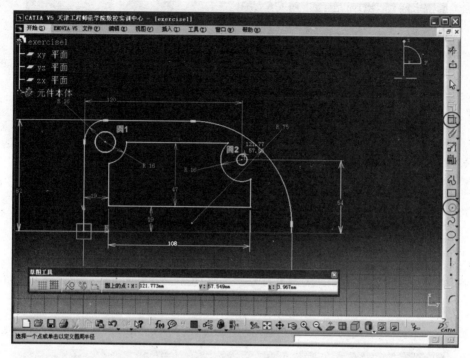

图 2—15　绘制圆

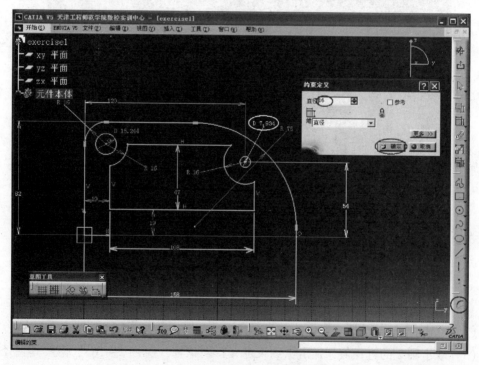

图 2—16　按照图样要求修改圆孔尺寸

10．倒圆角

（1）如图2—17所示，单击右侧工具栏内的图标 $\curvearrowright$ ，或在主菜单上选择"插入"→"操作"→"角"。

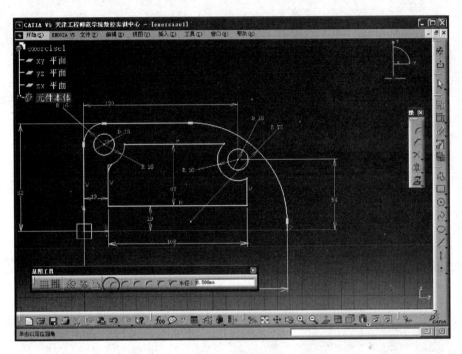

图2—17　倒圆角

（2）在"草图"工具栏内单击"修剪所有元素"图标 $\curvearrowright$ ，依次选择要倒圆角的边倒圆角，如图2—18所示。

11．修改圆角尺寸

如图2—18所示，按住键盘上的Ctrl键，同时依次选择各圆角半径值，单击界面下侧工具栏内的"同等尺寸"图标 █，弹出"同等尺寸特征编辑"对话框，在该对话框内修改尺寸值为"8"，单击"确定"。

12．镜像

如图2—19所示，按住键盘上的Ctrl键，选择所绘制的内、外轮廓线（注意不要选上水平和垂直轴线），单击右侧工具栏内的"镜像"图标 ⏸ 或在主菜单上选择"插入"→"操作"→"转换"→"镜像"，在图形上选择水平轴线即可，镜像完成的结果如图2—20所示。

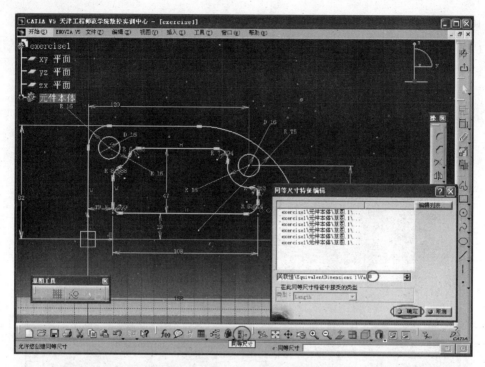

图2—18　按照图样要求修改圆角尺寸

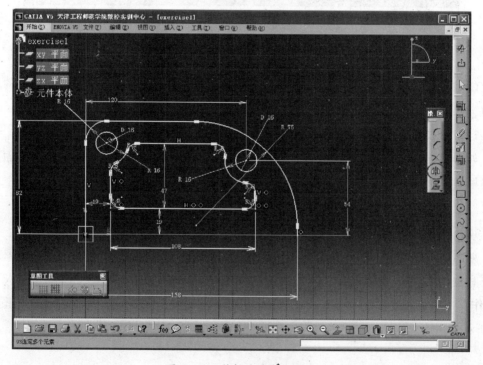

图2—19　选择要镜像的图形

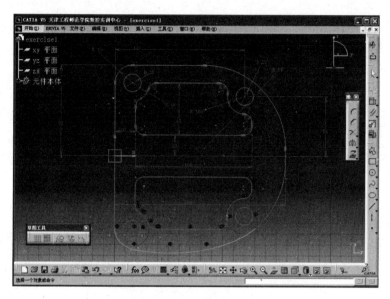

图 2—20　镜像完成的结果

13．保存文件

在主菜单上选择"文件"→"保存"。

2.4　课堂练习及草图绘制命令演示实例

2.4.1　课堂练习实例（见图 2—21）

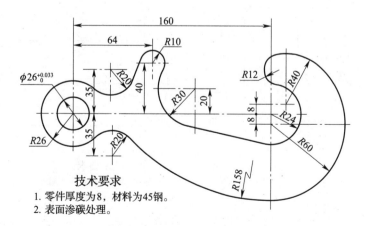

技术要求

1．零件厚度为8，材料为45钢。
2．表面渗碳处理。

图 2—21　课堂练习实例（拉钩）

练习体会:

2.4.2 草图绘制命令演示实例 (见图2—22)

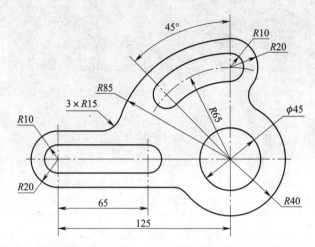

技术要求

零件厚度为20,材料为40Cr。

图 2—22 草图绘制命令演示实例 (拨叉)

练习体会:

课后练习

完成下列零件的二维草图 (见图2—33 ~ 图2—34)。

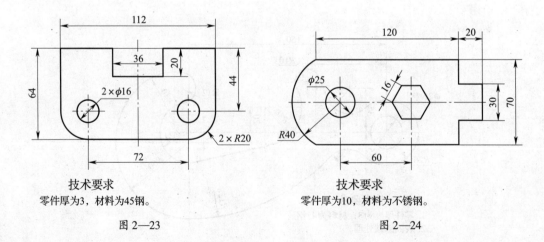

技术要求

零件厚为3,材料为45钢。

图 2—23

技术要求

零件厚为10,材料为不锈钢。

图 2—24

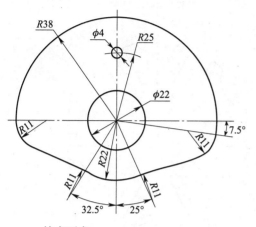

技术要求
零件厚为10，材料为40Cr。

图 2—25

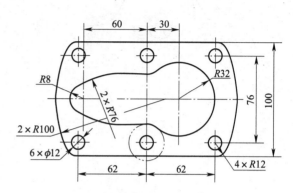

技术要求
零件厚为20，材料为HT200。

图 2—26

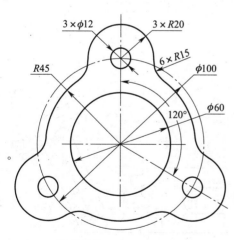

技术要求
零件厚为5，材料为45钢。

图 2—27

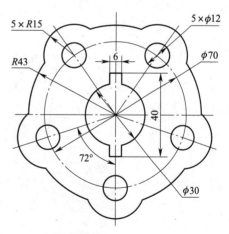

技术要求
零件厚为5，材料为纯铜。

图 2—28

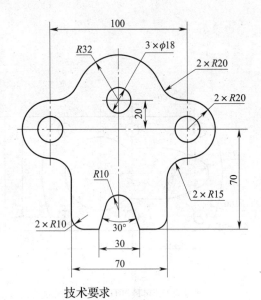

技术要求

零件厚为5，材料为锻造铝合金6061。

图 2—29

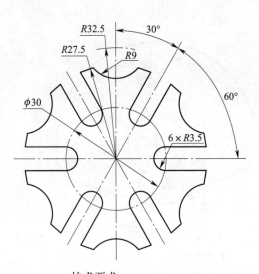

技术要求

零件厚为20，材料为40Cr。

图 2—30

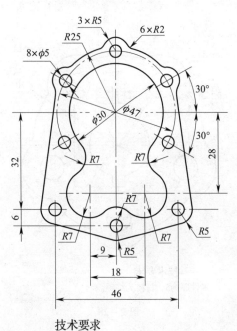

技术要求

零件厚为20，材料为HT200。

图 2—31

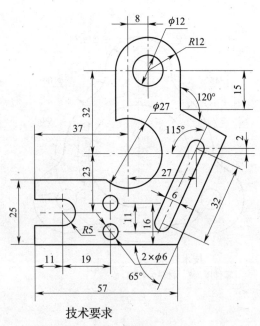

技术要求

零件厚为2，材料为不锈钢。

图 2—32

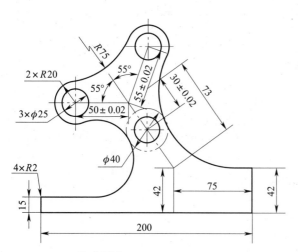

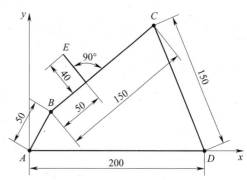

技术要求

零件厚为2,材料为不锈钢。

图 2—33

当曲柄AB杆运转一个周期(即 0°~360°)时,
求连杆上E点的运动轨迹。

图 2—34

第 3 章

零件的三维实体造型

要点：

- 掌握三维实体零件的造型方法
- 掌握拉伸造型、旋转造型、混合造型、扫描造型、修饰特征等常用的操作指令

3.1 概 述

目前，产品的开发方式已由传统二维绘图的设计模式全面转向计算机三维辅助设计模式。传统的二维 CAD 系统可以完成绘图、编辑、剖面线和图案绘制、尺寸标注以及二次开发等功能，可以帮助设计人员把图样绘制得规范、漂亮，在提高绘图效率的同时也便于图样的修改及管理，在"甩掉图板"的初级阶段功不可没。但二维图样很难描绘三维空间机构的运动及进行产品的装配干涉检查，因此，采用二维 CAD 的设计模式很多时候是在零件加工完成后，对产品进行试装配时才发现干涉或设计不合理等现象，由于设计早期没有全面考虑下游过程的要求，从而使产品设计存在很多缺陷，造成设计修改工作量大，开发周期长，成本高。

计算机三维技术能逼真地虚拟现实模型，以立体的、有光有色的画面表达设计人员的设计思维，较之传统的二维设计图更符合人的思维习惯与视觉习惯，并能使产品设计人员从本质上减轻大量简单、重复、烦琐的工作量，使他们能集中精力进行富有创造性的高层次创新设计活动，因此，三维设计逐渐取代了传统的纯二维 CAD 系统，成为现代设计的主流模式。

三维 CAD 设计系统的核心是产品的三维模型，它所表达的几何体信息越完整、准确，解决设计问题的范围就越广。有了三维实体模型，随后就可以进行装配和干涉检查；可以对重要零部件进行有限元分析与优化设计（CAE）；可以进行计算机辅助工艺规划（CAPP）；可以进行数控加工（CAM）；可以进行 3D 打印，在制作模具前就可以拿到实物零件进行装配及测试；可以启动三维、二维关联功能，由三维直接自动生成二维工程图样；可以进行产品数据共享与集成等，这些都是二维绘图无法比拟的。

目前，成熟的三维造型软件都应用了参数化设计（Parametric Design）技术。该技术以约束造型为核心，以尺寸驱动为特征，允许设计者首先进行草图设计，勾画出设计轮廓，然后输入精确尺寸值来完成最终的设计。与无约束造型系统相比，参数化设计更符合实际工程设计习惯，因为在实际设计的初期阶段，设计人员关心的往往是零部件的大致形状和性能，对精确的尺寸并不十分关心。

参数化设计的主要技术特点是基于特征、全尺寸约束、尺寸驱动设计修改和全数据相关。

基于特征是将某些具有代表性的平面几何形状定义为特征，并将其所有尺寸存为可修改的参数，进而形成实体，以此为基础来进行更为复杂的几何形体的构造。

全尺寸约束是将形状和尺寸联合起来考虑，通过尺寸约束来实现对几何形状的控制。造型必须以完整的尺寸参数为出发点（全约束），既不能漏注尺寸（欠约束），也不能多标注尺寸（过约束）。

尺寸驱动设计修改是指通过编辑尺寸数值来驱动几何形状的改变。

全数据相关是指尺寸参数的修改导致其他相关模块中的相关尺寸得以全盘更新。

参数化设计作为基本的造型方法，在此基础上又衍生出了变量化设计和特征造型。

参数化设计对于习惯看图样，以尺寸来描述零件的机械设计者来说很适合，其相关知识可以很容易由二维设计转变为三维设计。

3.2　CATIA 零件设计模块命令简介

任何一个复杂的产品都是以简单的零件建模为基础的。启动 CATIA，进入软件环境后，系统默认创建了一个装配文件，名称是 Product1。此时单击 CATIA 主菜单 [开始] →
[机械设计] → [零件设计]，就进入了零件设计模块。主菜单中插入菜单的内容会自动变成零件设计的操作指令，如图 3—1 所示。

尽管这个插入菜单包含了零件设计的绝大多数命令，但用户更习惯使用绘图区里的工具按钮。常见的工具按钮及其功能注释如图 3—2 ~ 图 3—5 所示。

图 3—2 所示"基于草图的特征"工具栏中各工具按钮的说明如下：

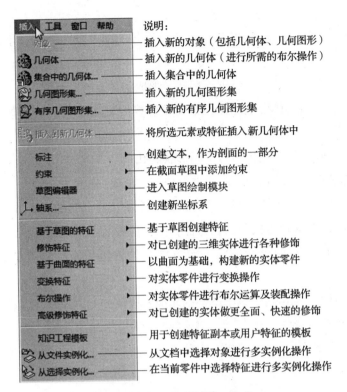

说明：
— 插入新的对象（包括几何体、几何图形）
— 插入新的几何体（进行所需的布尔操作）
— 插入集合中的几何体
— 插入新的几何图形集
— 插入新的有序几何图形集
— 将所选元素或特征插入新几何体中
— 创建文本，作为剖面的一部分
— 在截面草图中添加约束
— 进入草图绘制模块
— 创建新坐标系
— 基于草图创建特征
— 对已创建的三维实体进行各种修饰
— 以曲面为基础，构建新的实体零件
— 对实体零件进行变换操作
— 对实体零件进行布尔运算及装配操作
— 对已创建的实体做更全面、快速的修饰
— 用于创建特征副本或用户特征的模板
— 从文档中选择对象进行多实例化操作
— 在当前零件中选择特征进行多实例化操作

图 3—1 零件设计的插入菜单

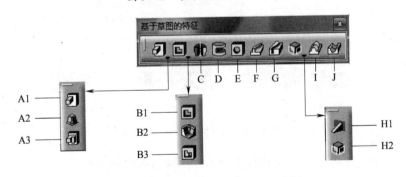

图 3—2 "基于草图的特征"工具栏

A1（凸台）：将指定的封闭轮廓沿某一方向进行拉伸操作，建立三维实体。

A2（拔模圆角凸台）：该命令可使用户在对实体进行拔模的过程中，一并完成拔模斜角和倒圆角。

A3（多凸台）：与凸台功能相似，其特点在于可同时对多个封闭轮廓进行拉伸。

B1（凹槽）：与凸台功能相反。其特点是可以在实心物体上挖去槽、孔或其他形状的材料。

B2（拔模圆角凹槽）：在去除材料的过程中，可同时完成拔模和倒圆角，不需要额外的操作。

B3（多凹槽）：与凹槽功能相似，其特点在于可同时对多个封闭轮廓进行除料操作。

C（旋转体）：将一组轮廓线绕轴线旋转，形成实体。

D（旋转槽）：与旋转体功能相似，是将轮廓线绕轴线进行旋转成体，不同点是在旋转时进行除料操作。

E（孔）：可以在实体上钻出多种不同形状的孔。

F（肋）：将平面轮廓沿着中心曲线进行扫掠，形成三维实体。

G（开槽）：使轮廓沿中心曲线扫描，形成一个槽，它与肋的成形方式相反。

H1（加强肋）：其成形方式与凸台特征相似，但截面不封闭。

H2（实体混合）：将两个轮廓沿一定方向拉伸并进行求交运算，即可形成三维实体。

I（多截面实体）：利用两个以上不同的轮廓，以渐变的方式产生实体，并可以使用引导线来引导实体的生成。

J（已移除的多截面实体）：可以在实体零件上切除两个以上轮廓所连接的空间，与多截面实体功能相反。

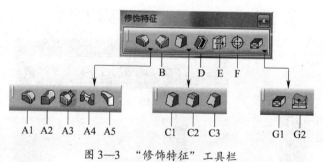

图3—3　"修饰特征"工具栏

图3—3所示"修饰特征"工具栏中各工具按钮的说明如下：

A1（倒圆角）：可以在实体的边线进行倒圆角操作。

A2（可变半径圆角）：与倒圆角功能基本相同，但可以使圆角的半径在一条边线上进行变化。

A3（弦圆角）：以圆角的弦长定义圆角大小来创建圆角。

A4（面与面的圆角）：在两个面之间进行倒圆角操作。

A5（三切线内圆角）：可以将零件的某一面用倒圆角的方式改变成一个圆曲面。

B（倒角）：可以将尖锐的直角边切成平直的斜角边线。

C1（拔模斜度）：可以把零件中需要拔模的部分向上或向下生成拔模斜角。

C2（拔模反射线）：可以将零件中的曲面以某条反射线为基准线来进行拔模。

C3（可变角度拔模）：可以在实体上放置变化斜度的拔模角特征。

D（盒体）：将实体中多余的部分挖去，形成空腔薄壁实体。

E（厚度）：在不改变实体基本形状的情况下，增大或减小其厚度。

F（内螺纹/外螺纹）：在圆柱面上建立螺纹。

G1（移除面）：通过定义要移除的面和要保留的面达到实体成形的目的。

G2（替换面）：通过定义要移除的面和可以替换的曲面达到实体成形的目的。

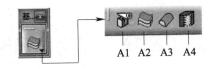

图 3—4　"基于曲面的特征"工具栏

图 3—4 所示"基于曲面的特征"工具栏中各工具按钮的说明如下：

A1（分割）：通过平面或曲面切除相交实体的某一部分。

A2（厚曲面）：使曲面（可以是实体的表面）沿其法向矢量方向拉伸变厚。

A3（封闭曲面）：可以将曲面构成的封闭体积转换为实体；若为非封闭体积，CATIA 也可以自动以线性的方式将其封闭。

A4（缝合曲面）：可以将实体零件与曲面连接在一起。

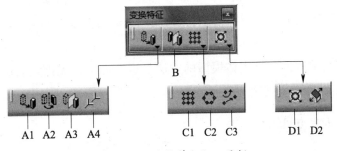

图 3—5　"变换特征"工具栏

图 3—5 所示"变换特征"工具栏中各工具按钮的说明如下：

A1（平移）：将实体沿着指定方向移到坐标系中新的位置。

A2（旋转）：将实体绕轴线旋转到新的位置。

A3（对称）：将实体相对于某个选定的平面进行移动，原来的实体并不保留。

A4（定位）：将实体相对于某个选定的轴系移至另一个轴系。

B（镜像）：让实体通过指定的对称面生成对称的实体，原来的实体仍然存在。

C1（矩形阵列）：以矩形排列方式复制所选定的实体特征，形成新的实体特征。

C2（圆形阵列）：以圆形排列方式复制所选定的实体特征，形成新的实体特征。

C3（用户阵列）：按照用户指定的实例排布规则复制实体。

D1（等比例缩放）：对实体进行等比例放大或缩小。

D2（不等比例缩放）：对实体进行不等比例放大或缩小。

注意：这些按钮的使用频率并不均等，有些按钮每次都要使用（如凸台），有些按钮很少使用。在后面的实例练习中，应随着操作次数的增加逐渐掌握并记忆常用按钮。

3.3　CATIA 三维实体建模

使用 CATIA 创建零件三维实体模型的方法大致可分为以下三种。

1. "积木法"。这是大部分机械零件三维实体模型的创建方法。这种方法是先创建一个反映零件主要形状的基础特征，然后在这个基础特征上添加其他的一些特征，如凸台、凹槽、倒角和圆角等，如同生活中的堆积木。本章主要讲解该方法，通过讲解各种积木的创建方法来创建零件的三维模型。

2. "切割法"。这种方法是先创建零件的粗糙模型，然后用曲面方法构建细节部分，再利用创建完成的曲面将粗糙模型的多余部分切去，从而生成准确的零件三维模型；或者整个零件模型完全使用曲面来建构，最后将封闭的曲面转换成准确的三维实体模型。第四章将讲解该方法。

3. 从装配中生成零件三维实体模型的方法。这种方法是先创建装配体，然后在装配体中创建零件。第六章有该方法的讲解。

3.3.1　拉伸造型实例

拉伸造型是用一个二维平面图形沿垂直该平面移动生成立体的方法，利用该方法可以生成各种直柱体，如直棱柱、直圆柱等。拉伸造型是造型方法中最重要也是最简单的一种造型方法。拉伸造型实例如图 3—6 所示。

通过分析零件图样，可以将该零件分解为几个基本的几何图形，用拉伸造型完成后，再组合成零件。其造型步骤如图 3—7 所示。

具体操作步骤如下：

1. 新建文件

新建一个 Part 文件，如图 3—8 所示。

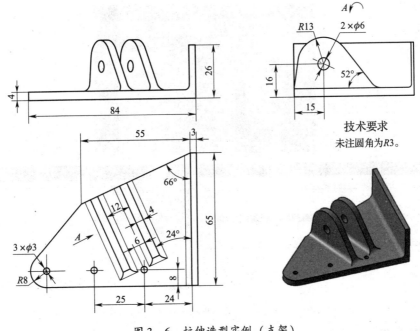

图 3—6　拉伸造型实例（支架）

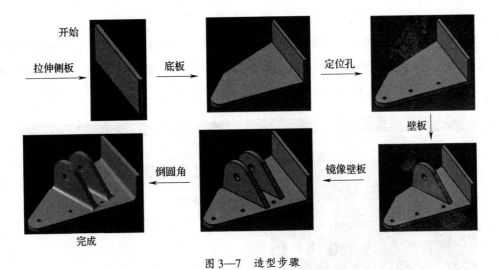

图 3—7　造型步骤

（1）在窗口①中单击菜单"文件"→"新建"（P1），弹出"新建"对话框②。

（2）在窗口②的类型列表中选择"Part"（P2），单击"确定"，弹出"新建零部件"对话框③。

（3）在窗口③中选择"启用混合设计"（P3），不要选其他选项，完成后单击"确定"。

　　注：对于单个零件的造型，其新建文件的步骤是完全相同的。

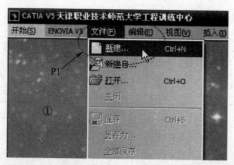

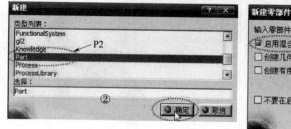

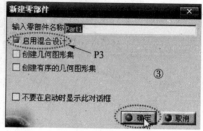

图 3—8　新建文件

2．创建侧板

侧板拉伸造型的基本步骤如下：

（1）根据侧板的放置状态，选择合适的构图平面。CATIA 提供了三个基本构图平面，分别是 xy 平面、yz 平面和 zx 平面。这里可以直接选择 xy 平面，如图 3—9 所示。如果没有现成的构图平面，则需要自行定义。构图平面选择完成后，进入草图绘制模块。

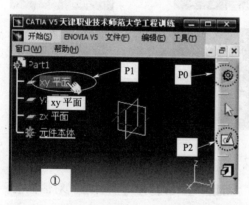

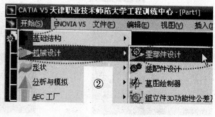

图 3—9　进入草图绘制模块

1）在窗口①中，确认 P0 处的图标是齿轮形状，表明处于零部件设计模块（如果不是，需要通过在窗口②中选择"零部件设计"切换到该模块）。

2）在窗口①中选择"xy 平面"（P1），选择构图平面为 xy 平面。

3）单击"草图绘制"图标（P2），进入草图绘制模块。

（2）在草图绘制模块中，完成侧板二维草图的创建和尺寸定义，如图 3—10 所示。由于实体造型理论的要求，二维草图没有形状限制，但必须是封闭的图形，如圆、矩形和多边形等。这里侧板的二维草图就是一个矩形。用二维绘图命令完成其形状的绘制，然后定义形状尺寸，尺寸的定义必须与坐标系的原点相关联，注意不能出现尺寸的过约束状态。

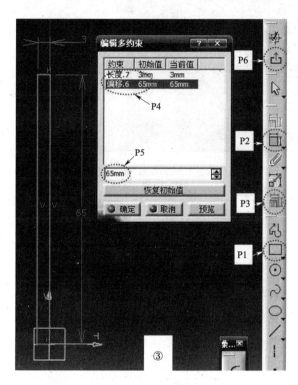

图 3—10　绘制侧板草图

零件的原点可以自行选择。本例根据图样标注情况，选择俯视图右下角为原点。

1）在窗口③中单击"矩形"图标（P1），使用该命令在绘图区完成矩形的绘制（矩形右下角在坐标系原点）。

2）单击"约束"图标（P2），完成矩形的尺寸标注。

如果矩形的颜色是白色，说明矩形处于欠约束状态。标注尺寸后，矩形的某部分颜色将变为绿色，说明该部分的尺寸被定义。如果尺寸出现紫色，说明该尺寸处于过约束状态。

注意：欠约束和约束定义都是可行的，出现过约束状态则必须改正。

3）尺寸定义完成后，单击"编辑多约束"图标（P3），在弹出的"编辑多约束"对话框中将矩形的尺寸修改为图样要求的尺寸（P5）。矩形的形状将依据新修改的尺寸自动发生变化。

4）所有操作完成后，单击"退出"图标（P6），退出草图绘制模块后，自动返回之前的零部件设计模块。

（3）二维草图绘制完成后，定义拉伸尺寸，完成拉伸造型，如图3—11所示。

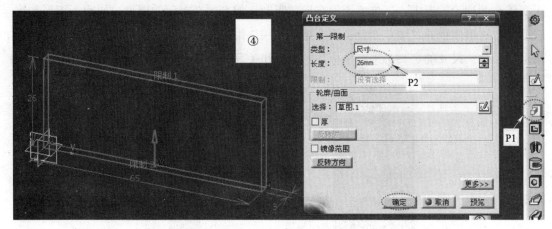

图3—11　定义拉伸尺寸

1）退出草图绘制后，在窗口④中单击"凸台"图标（P1），弹出"凸台定义"对话框。

2）按照图样要求，修改拉伸长度为26（P2），完成后单击"确定"，侧板就完成了。

3. 创建底板

虽然底板的形状和侧板不同，但造型的步骤和方法却是相同的。

（1）根据底板的放置状态，选择合适的构图平面。这里选择 xy 平面，选择方法与图3—9相同。构图平面选择完成后，进入草图绘制模块。

（2）在草图绘制模块中，完成底板二维草图的创建和尺寸定义，如图3—12和图3—13所示。

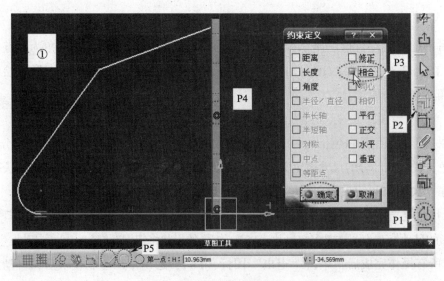

图3—12　定义相合关系约束

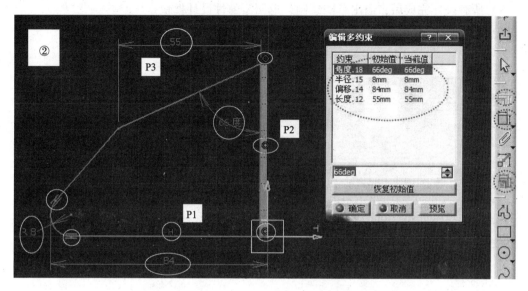

图 3—13　尺寸约束和关系约束的标注

1）在窗口①中，单击"轮廓"图标（P1），使用该命令在绘图区完成底板形状的绘制。使用"轮廓"命令，在草图工具（P5）中，按画图要求，随时可以切换画直线或画圆弧。

参数化绘制二维图，是先有图形后有尺寸，与 CAXA 等二维软件绘图不同，不必追求精确，形状基本吻合即可。

2）新绘制的图形应该与已有的图形有关联，可以是尺寸约束关联，也可以是关系约束关联。窗口①中所示就是在定义底板轮廓的侧边与侧板的竖边是相合的关系。操作步骤是按住键盘上的 Ctrl 键不放，依次选择底板的右侧边和已完成的侧板的左竖板，松开 Ctrl 键，"关系"图标（P2）此时被激活，单击该图标，弹出"约束定义"对话框，在该对话框中选择"相合"（P3），单击"确定"，底板轮廓和侧板就连接在一起，并出现一个约束标志（P4）。底板竖边变为绿色，显示为已约束状态。

3）关系约束和尺寸约束都可以定义图形的约束状态，两者有时可以相互替代。例如，相合约束也可以定义为距离是 0 的尺寸约束。

4）有些关系约束可以在绘制图形时自动产生，例如，窗口②中 P1 处"H"图标为水平约束，在绘制底板底边时，线条为水平线，系统自动生成一个水平约束。

5）有些关系必须自行定义，如窗口②中 P2 处。

6）标注窗口②中 P3 处的水平长度 55 时，需按下鼠标右键，选择水平测量方向才能得到此标注。

7）完成窗口②中的尺寸约束和关系约束后，底板形状的颜色全部呈现绿色，表明处于全约束状态。

8）所有操作完成后，退出草图绘制，返回零部件设计模块。

（3）二维草图绘制完成后，定义拉伸尺寸，完成造型，如图 3—14 所示。

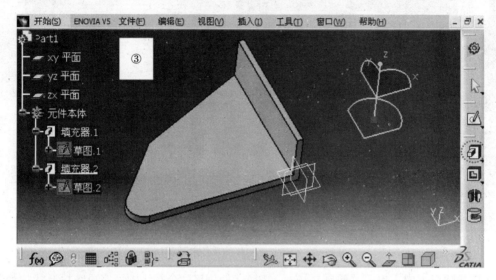

图 3—14　完成侧板和底板造型

返回零部件设计模块后，单击"凸台"图标，按照图样要求，定义拉伸尺寸 4，底板就完成了。

4．创建定位孔

定位孔的生成有多种方法，下面先学习拉伸造型的方法。

（1）构图平面选择在底板上，如图 3—15 所示。构图平面选择完成后，进入草图绘制模块。

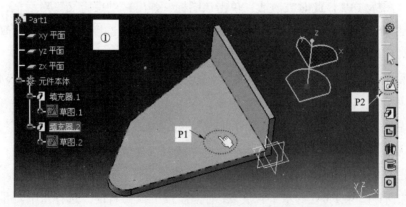

图 3—15　用完成的实体平面作为构图平面

1）构图平面除了选择系统提供的三个基本平面外，还可以选择已经完成的实体表面。在窗口①中，单击底板表面（P1），该表面的边缘变为橙色，说明选中该表面。

2）单击"草图绘制"图标（P2），进入草图绘制模块。

（2）在草图绘制模块中，完成定位孔二维草图的创建和尺寸定义，如图3—16所示。

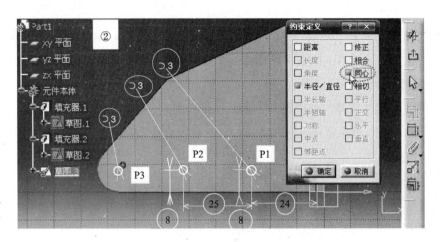

图3—16　三个圆的尺寸定义

1）三个圆直接用"画圆"命令就可以完成。三个圆的深度相同，可以一起做，否则需要单独拉伸。

2）尺寸定义结果如窗口②所示。观察后可以发现，P1处的圆用了三个尺寸来定义，分别是24和8定义位置，D3定义圆的直径；P2处的圆也是三个尺寸，分别是25、8和D3；P3处的圆用D3尺寸来定义圆的大小，而用"同心"关系约束来定义位置。三维设计中的尺寸定义与CAXA等二维软件不同，图样中"3×φ3"的标注说明三个圆的直径相同；但在CATIA中不能使用图样中的简化约定，必须分别定义。

3）所有操作完成后，退出草图绘制，返回零部件设计模块。

（3）二维草图绘制完成后，使用"凹槽"命令完成造型，如图3—17所示。

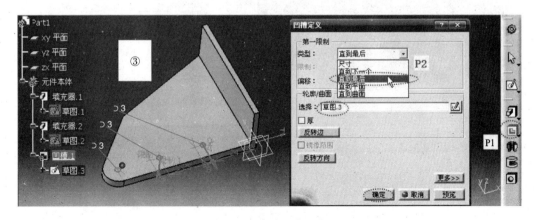

图3—17　使用"凹槽"命令完成定位孔

1）返回零件设计模块后，单击"凹槽"图标（P1），弹出"凹槽定义"对话框，按照图样要求，定位孔是穿透底板的，选择"类型"→"直到最后"（P2），单击"确定"，定位孔就完成了。

2）"凹槽"命令和"凸台"命令都属于拉伸模式，是一对相反的命令。凸台相当于长出一块实体，凹槽相当于挖去一块实体。

5. 创建壁板

（1）构图平面的选择。分析图样上的标注可以发现，壁板的构图平面是没有现成的平面可以选择的，需要根据定位孔的轴线和 24°的角度标注自行创建构图平面。角度构图平面的创建过程如图 3—18 ~ 图 3—22 所示。

1）如图 3—18 所示，在右侧工具栏的最下面创建构图平面的工具栏图标，屏幕分辨率不够大时是不能直接找到该图标的，需要把上面的图标拉出去才能找到。操作方法是用鼠标左键按住右侧工具栏空白处（P3），拖动鼠标就可以改变工具栏的位置。多次拖动工具栏，就可以把最下面的工具栏显露出来，直到找到 P1 处的图标为止。

2）单击窗口①中"创建平面"图标（P1），弹出"平面定义"对话框。

3）有多种方法创建构图平面。根据前面的图样分析，这里选择平面类型为"平面的角度/法线"（P2）。

4）创建角度平面需要知道旋转轴、参考平面和旋转角度三个条件。下面依次创建和选择。

①旋转轴就是第一个定位孔的轴线，图中没有，需要自行创建。如图 3—19 所示，在窗口②中 P4 处按住鼠标右键，在弹出的右键菜单中选择"创建直线"（P5），弹出"直线定义"对话框（窗口③）。

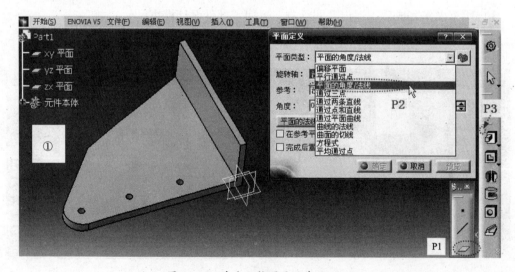

图 3—18　自定义构图平面步骤（1）

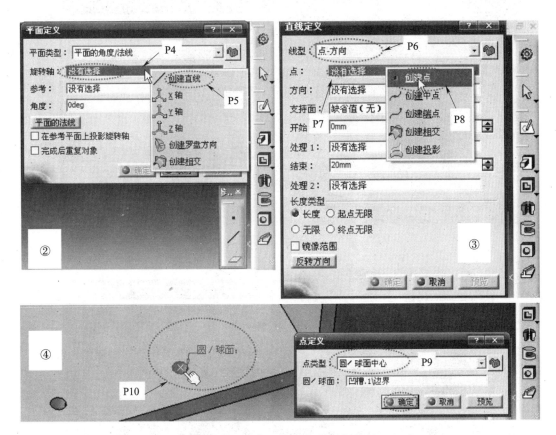

图 3—19　自定义构图平面步骤 (2)

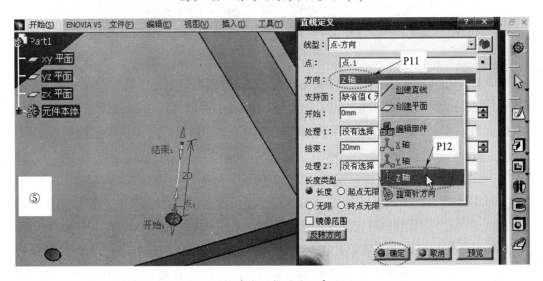

图 3—20　自定义构图平面步骤 (3)

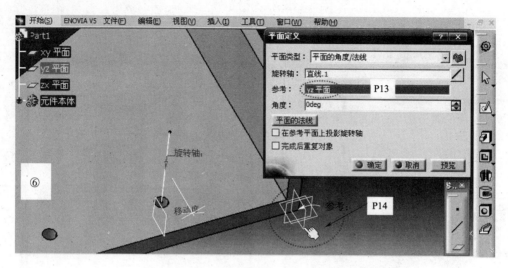

图 3—21　自定义构图平面步骤（4）

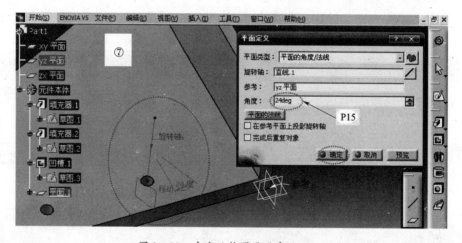

图 3—22　自定义构图平面步骤（5）

　　②在窗口③中，创建直线也有多种方法，这里选择线型"点－方向"（P6）。在 P7 处按住鼠标右键，在弹出的右键菜单中选择"创建点"（P8），弹出"点定义"对话框（窗口④）。

　　③在窗口④中选择点类型"圆/球面中心"（P9），用鼠标左键选择定位孔的上边缘（P10），选中后孔边缘变为红色，单击"确定"，返回上一级对话框（窗口⑤）。

　　④如图 3—20 所示，在窗口⑤中，直线方向定义是在 P11 处按住鼠标右键，在弹出的右键菜单中选择"Z轴"（P12），轴线就产生了，长度默认是 20，单击确定，返回上一级对话框（窗口②），旋转轴就定义完成了。

　　⑤旋转轴定义完成后，接来下定义参考平面。如图 3—21 所示，在窗口⑥中 P13 处按住鼠标右键，在弹出的右键菜单中选择"yz 平面"。或者直接在绘图区中单击 yz 平面（P14），参考平面就定义完成了。

⑥输入平面旋转的角度。如图 3—22 所示，在窗口⑦中 P15 处输入 24，参考平面所需要的三个参数就定义完成了。

⑦注意观察绘图区中产生的平面角度是否合适。如果方向反了，就输入 – 24。若没有问题，单击"确定"就完成了构图平面的创建。

（2）以上述自定义的平面为构图平面，进入草图绘制模块，完成壁板二维草图的创建，如图 3—23 所示。

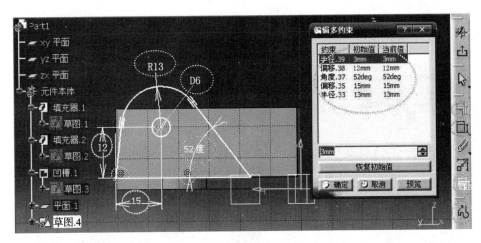

图 3—23 壁板的二维草图

1）壁板的二维草图用"轮廓"命令就可以完成。

2）轮廓绘制完成后，使用尺寸约束和关系约束定义，根据图样要求定义其尺寸。需要定义五个尺寸约束和两个相合的关系约束。

3）所有操作完成后，退出草图绘制，返回零部件设计模块。

（3）二维草图绘制完成后，使用"凸台"命令完成造型，如图 3—24 所示。

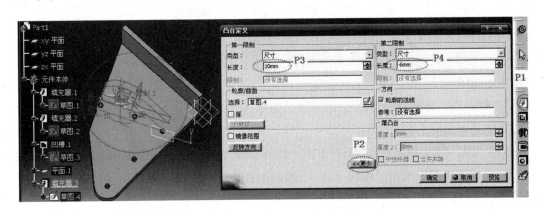

图 3—24 定义壁板拉伸的距离和厚度

1）返回零部件设计模块后，单击"凸台"图标（P1），弹出"凸台定义"对话框，按照图样要求，壁板与构图平面有 6 mm 的距离，壁板厚度是 4 mm，单击图中 P2 处的按钮，展开"凸台定义"对话框，在图中 P3 处输入 10，表示壁板要拉伸 10 mm，P4 处输入 −6，表示有 6 mm 的厚度是不需要的，最后单击"确定"，壁板就完成了。

2）凸台第一限制为 10，对应壁板的第一个边缘；第二限制为 −6，对应壁板的第二个边缘。

6. 用"镜像"命令创建第二个壁板

操作过程如图 3—25 所示。

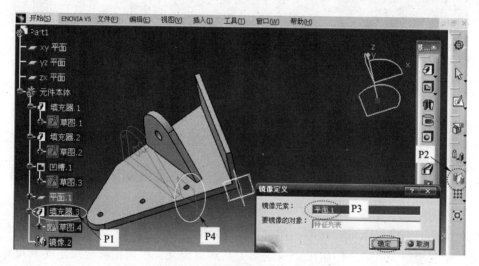

图 3—25　镜像完成第二个壁板

（1）首先选择要镜像的特征，用鼠标左键单击创建好的壁板（P1）。不选是默认镜像全部特征。

（2）选择"镜像"命令（P2），弹出"镜像定义"对话框。

（3）选择镜像元素为"平面.1"，用鼠标左键单击平面.1（P4）。

（4）观察产生的镜像特征是否满足图样要求，若没有问题，单击"确定"，完成第二个壁板的创建。

7. 倒圆角，完成修饰特征

操作过程如图 3—26 所示。

（1）圆角属于修饰特征，找到并单击"圆角"图标（P1），弹出"倒圆角定义"对话框。

（2）选择需要倒圆角的棱线（P2），根据图样要求依次选择看不到的棱线，可旋转模型以方便选择。

（3）七处圆角选择完成后，单击"确定"，倒圆角就完成了。

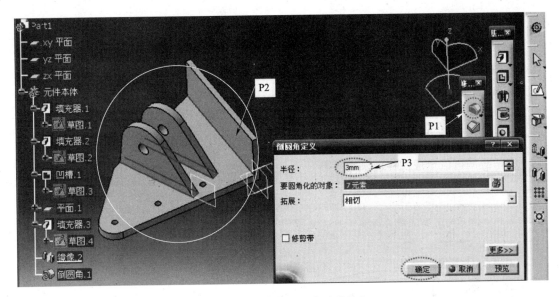

图3—26　倒圆角，完成修饰特征

造型完成后，可以从多个角度观察零件模型，检查是否符合图样要求。也可以改变显示模式，将边缘棱线显示关闭，甚至在模型上附加材质，以贴近生活中的实际零件。显示效果如图3—27所示。

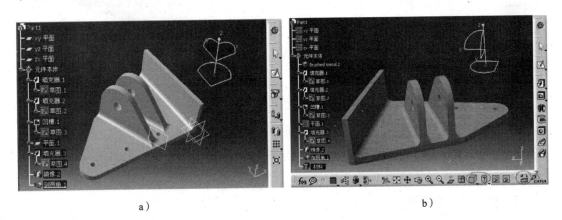

a)　　　　　　　　　　　　　　　　b)

图3—27　改变模型的显示方式

a) 关闭棱线　b) 改用透视视角并附加材质

最后，选择菜单"文件"→"保存"，在弹出的"保存"对话框中输入文件的保存路径和文件名就完成了（注意：文件路径可以是中文目录，但文件名还不支持中文文件名）。

本例思考题

1. 侧板和底板的构图面都是 xy 平面，为什么不是一次拉伸完成造型？

2. 三个定位孔为什么可以一次拉伸完成？

3. 壁板为什么要自定义构图平面？

4. 壁板上的孔为什么可以用"凸台"命令拉伸完成？

5. 第二个壁板是否可以用其他方式来造型？

3.3.2 旋转造型实例

旋转造型可以生成圆柱、圆锥等特征，如图 3—28 所示。

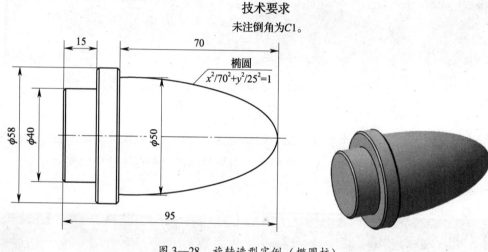

技术要求

未注倒角为C1。

图 3—28　旋转造型实例（椭圆柱）

1. 新建零件

新建零件的步骤如图 3—9 所示，这里不再赘述。

2. 选择构图平面

分析零件图样，构图平面可直接选择系统提供的 yz 平面。完成后，单击"草图绘制"图标，进入草图绘制模块。

3. 创建二维平面图形

零件二维平面图形的绘制如图 3—29、图 3—30 所示。

本实例主要练习椭圆图形的绘制和二维图形的修剪。

（1）绘制椭圆柱的二维图形（见图 3—29）

1）用"轮廓"命令（P1）完成左边二维图形的绘制。

2）椭圆部分用"椭圆"命令完成（P2）。

3）旋转造型只需要完成一半图形的绘制，椭圆多余部分使用"修剪"命令（P3）剪去。

4）实体造型必须保证图形是封闭的，因此轴线的位置也需要用实线画出。

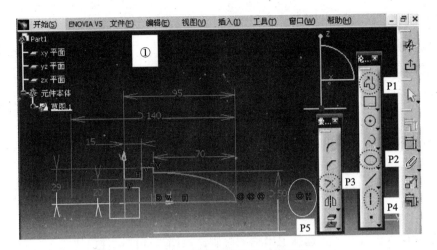

图 3—29　绘制椭圆柱的二维图形

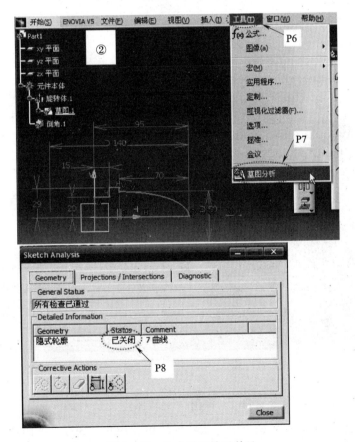

图 3—30　检查图形是否封闭

5）标注尺寸。标注椭圆尺寸时需要用到右键菜单。

6）最后需要绘制一个旋转轴，必须用"轴"命令（P4），绘制结果如图中 P5 所示，轴线不需要很长。

（2）检查图形是否封闭（见图3—30）

1）如果二维轮廓比较复杂，绘制的图形可能不能保证封闭。单击"工具"→"草图分析"（P6和P7），弹出"草图分析"对话框。

2）注意图中P8处的提示，必须保证为已关闭（Close）状态。

3）如果图中P8处的提示为打开（Open），可以使用"修剪"命令，将图形打开部分封闭起来。

4）重复线段会视为打开图形，如果出现，可使用下面的工具按钮将多余线段删除或更改为参考线。

5）如果检查没有问题，选择退出草图绘制，返回零部件设计模块。

4．旋转体造型

草图绘制完成，返回零部件设计模块，选择"旋转体"命令完成造型，如图3—31所示。

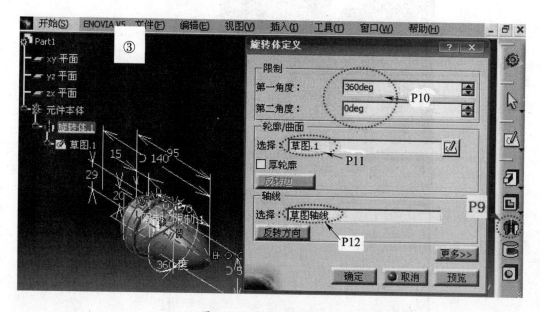

图3—31　旋转造型的定义

（1）选择"旋转体"命令（P9），弹出"旋转体定义"对话框。

（2）在"旋转体定义"对话框中，默认旋转角度为0°～360°（P10）；这个符合图样要求，不必改动。

（3）旋转所需的二维图形为草图.1（P11），就是刚完成的草绘图形。

（4）轴线默认为草图轴线（P12），就是图3—29中完成的轴线（P5）。如果没有绘制轴线，也可以按下鼠标右键，在弹出的右键菜单中选择"Y轴"。

（5）绘图区将看到旋转完成的图形，如果没有问题，单击"确定"完成旋转体的造型。

5. 倒角，完成修饰特征

操作过程如图3—32所示。

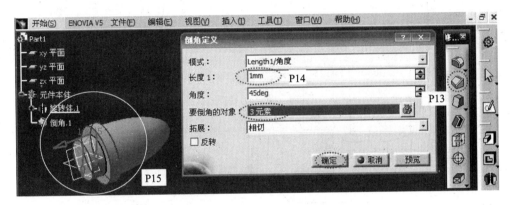

图3—32　倒角，完成修饰特征

（1）倒角属于修饰特征，找到并单击"倒角"图标（P13），弹出"倒角定义"对话框。

（2）定义倒角尺寸（P14）。

（3）选择需要倒角的棱线（P15），根据图样要求，有三处倒角，选择完成后，单击"确定"，倒角就完成了。

所有操作完成后，选择菜单"文件"→"保存"，输入保存路径和文件名就完成了。

本例思考题

1．二维草图绘制如果没有封闭，"旋转体"命令是否能完成？
2．为什么不在二维草图绘制中绘制倒角部分的图形，以方便一次旋转就完成所有造型？

3.3.3　混合造型实例

混合造型需要两个或两个以上的截面轮廓，截面轮廓上对应的点相互连接产生实体，连线相互平行则生成柱体，不平行则生成锥面（相交于一点）或其他曲面立体。

混合造型典型实例如图3—33所示。

1. 新建零件（步骤如前所述）

2. 分析图样，确定造型思路

分析零件图样，可以将该零件分解为几个基本的几何图形，各部分分别完成造型后再组合成零件。其造型步骤如图 3—34 所示。

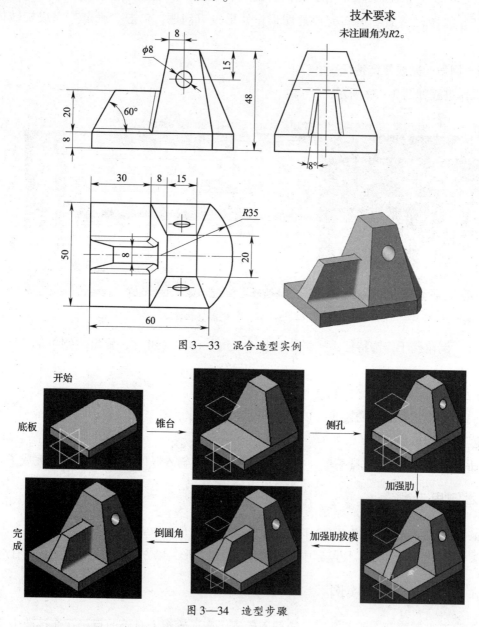

图 3—33　混合造型实例

图 3—34　造型步骤

3. 按照造型思路，完成底板造型

（1）底板的造型应用已学过的拉伸造型就可完成。根据底板的放置状态，选择合适的构图平面。这里选择 xy 平面。构图平面选择完成后，进入草图绘制模块。

（2）在草图绘制模块中，完成底板二维草图的创建和尺寸定义，如图 3—35 和图 3—36 所示。

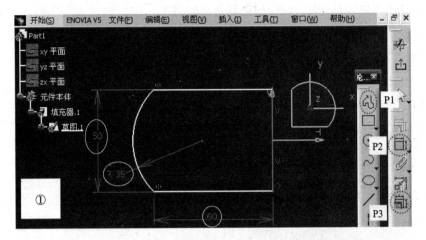

图 3—35　底板二维图形的绘制

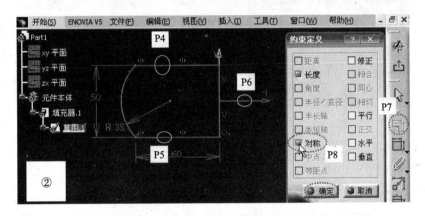

图 3—36　对称约束的定义

1）如图 3—35 所示，在窗口①中单击"轮廓"图标（P1），使用该命令在绘图区完成底板形状的绘制。

2）图形绘制完成后，单击"尺寸约束"图标（P2），标注图形的尺寸（分别标注三处尺寸）。

3）标注完成后，单击"编辑多约束"图标（P3），将标注尺寸后的尺寸值修改为图中所示的尺寸值。

4）图中两条水平线依然呈白色显示，说明没有全约束。分析图样，发现缺少一个对称的关系约束。

5）如图 3—36 所示，在窗口②中单击上方的水平线（P4），左手按住键盘上 Ctrl 键不放，然后用鼠标左键单击下方的水平线（P5），再单击坐标系的水平轴（P6），此时选中的三个对象变为橙色，单击关系约束按钮（P7），在弹出的"约束定义"对话框中选择

"对称"（P8），单击"确定"，对称约束就定义完成了。

绘图区的图形全部变为绿色，显示为全约束状态。对称约束的关键是最后选的对象必须是对称轴。

（3）二维草图绘制完成后，退出草图绘制，返回零部件设计模块，单击"凸台"图标，定义拉伸尺寸（见图 3—37），完成造型。

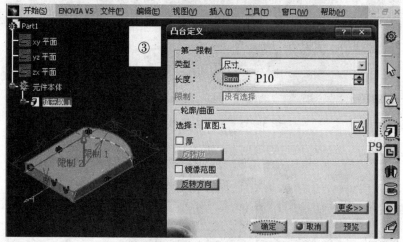

图 3—37　定义底板拉伸尺寸

在零部件设计模块中，单击"凸台"图标（P9），定义拉伸尺寸 8（P10），单击"确定"，底板就完成了。

4．按照造型思路，完成锥台造型

锥台造型是本实例的关键部分，需要用混合造型完成。分析图样，锥台的混合造型需要两个草绘图形，下面依次绘制，如图 3—38 ~ 图 3—40 所示。

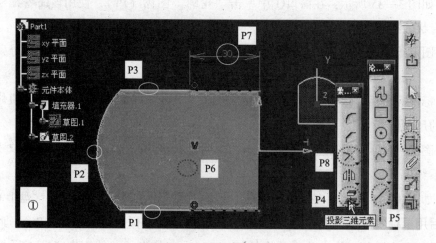

图 3—38　绘制第一个草图

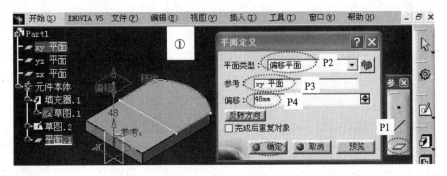

图 3—39　创建第二个草图的构图平面

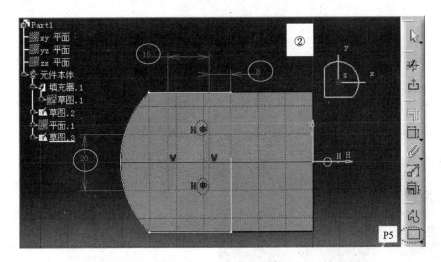

图 3—40　绘制第二个草图

（1）第一个草绘图形的绘制（见图 3—38）

1）选择底板上表面为构图平面，进入草图绘制模块。

2）分析图样可知，有三条边可以直接利用底板上已存在的边投影产生。操作步骤如下：按住 Ctrl 键，依次选择底板的三条边线（P1、P2、P3），单击"投影三维元素"按钮（P4），三条边投影到当前草图，这三条草绘直线的颜色为黄色。由于是从已知图形上投影到当前草绘平面上而产生的新图形，因此，黄色的投影图形属于已经完成约束的图形。不需要重新定义尺寸约束和关系约束。

3）单击"直线"命令（P5），完成垂直线的绘制（P6），并标注尺寸约束 30（P7）。

4）此时，四边形不是一个封闭的图形，P1 处和 P3 处的投影线长出一截。使用"修剪"命令（P8），分别单击 P6 处和 P3 处的直线，P3 处长出部分的投影线被剪掉（由于是投影线，修剪部分变为虚线段）。重复"修剪"命令，单击 P6 处和 P1 处的直线，P1 处多余部分的投影线被剪掉。

5）退出草图绘制模块，第一个草绘图形就完成了。

（2）第二个草绘图形的绘制

1）首先要定义第二个草绘图形的构图平面。如图 3—39 所示，单击"平面"图标（P1），弹出"平面定义"对话框。平面类型，选择"偏移平面"（P2）；参考：单击结构树上的 xy 平面，选择 xy 平面为参考平面；偏移：根据图样要求，输入 48（P4）。观察绘图区产生的平面，若没有问题，单击"确定"，完成平面定义。

2）选择刚才定义的平面为构图平面，进入草图绘制模块。

3）如图 3—40 所示，单击"矩形"命令（P5），在绘图区绘制一个矩形，如窗口②所示。

4）定义两条水平线与水平 H 轴为对称关系约束。

5）标注三个尺寸，并修改尺寸为 20、15 和 8。

6）完成后，观察绘图区的图形，若没有问题，退出草图绘制模块，第二个草绘图形就完成了。

（3）两个草绘图形完成后，返回零部件设计模块，单击"多截面实体"图标，定义混合参数，完成造型。混合造型的参数定义如图 3—41 所示。

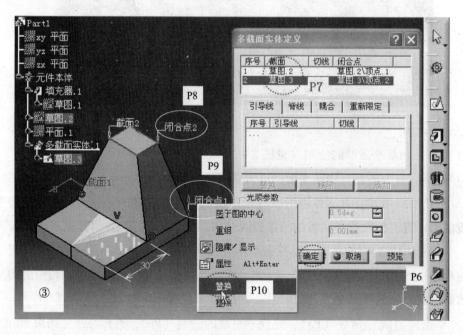

图 3—41　混合造型的参数定义

1）在窗口③中单击"多截面实体"图标（P6），弹出"多截面实体定义"对话框。

2）依次选择两个草图（P7），第一个选中的草图上出现闭合点 1 的提示（P9），第二个草图上出现闭合点 2 的提示（P8）。闭合点的出现位置与选择草图的位置有关。

两个草图的混合造型关键在于闭合点的位置必须是一致的，如果不一致，就要更改闭合点的位置。操作步骤如下：将鼠标移到闭合点的提示上，闭合点的颜色变浅，按下鼠标右键，在弹出的右键菜单中选择"替换"（P10），然后选择正确位置的点就可以了。

观察两个闭合点处的箭头方向，那是下一个点的位置指示。两个草图的闭合点方向必须一致，如果是反向的，可以用鼠标单击其中一个箭头，使其改变方向。

3）单击"预览"，就可以看到混合造型的结果，如果没有问题，单击"确定"，混合造型就完成了。

5．按照造型思路，完成侧孔造型

侧孔的造型可使用前面讲解过的拉伸凹槽的造型方法来完成。

（1）选择 zx 平面为构图平面，进入草图绘制模块，绘制侧孔拉伸截面草图，如图 3—42 所示。侧孔的草图只需要绘制一个圆，用"画圆"命令完成，标注三个尺寸，完成其尺寸约束。侧孔的草图如图中窗口①所示。

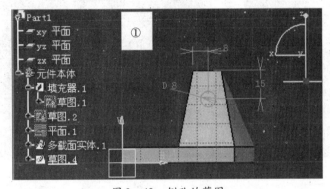

图 3—42　侧孔的草图

（2）退出草图后，定义凹槽的尺寸，如图 3—43 所示。

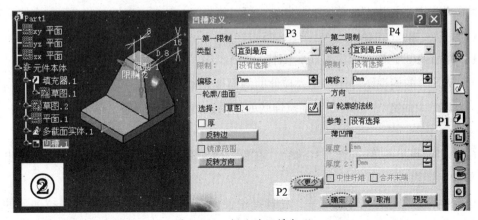

图 3—43　侧孔的凹槽定义

1）在窗口②中单击"凹槽"图标（P1），弹出"凹槽定义"对话框。

2）由于草图绘制在 zx 平面上，需要从两个方向上拉伸，单击 P2 处的按钮，展开"凹槽定义"对话框。

3）侧孔是贯通的，选择第一限制类型："直到最后"（P3）；选择第二限制类型："直到最后"（P4）。

4）单击"预览"，就可以看到侧孔的造型结果，如果没有问题，单击"确定"，侧孔造型就完成了。

6．按照造型思路，完成加强肋造型

分析图样，此处加强肋的造型需要用两个步骤来完成，即先做一个拉伸肋，然后再拔模出 8°的斜度。

（1）拉伸肋的造型。首先绘制拉伸肋的截面草图，如图 3—44 所示。

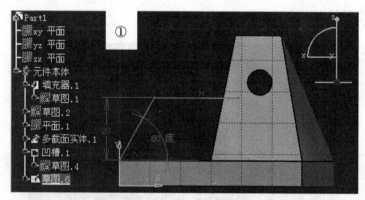

图 3—44　拉伸肋的草图

拉伸肋的草图非常简单，用"直线"命令绘制两条直线，如窗口①所示。用关系约束定义，60°斜线的下端点与底板侧边和上表面重合，水平线的高度为 20。完成后，退出草图绘制。肋的草图与前面讲解的草图有些区别，可以不封闭，甚至可以短一些，不与实体接触。

（2）定义加强肋的尺寸（见图 3—45）

1）在窗口②中单击"加强肋"图标（P1），弹出"加强肋定义"对话框。

2）从图样的俯视图可知，输入拉伸肋的厚度 8（P2）。

3）单击"预览"，就可以看到拉伸肋的结果，如果没有问题，单击"确定"，拉伸肋造型就完成了。

（3）定义拔模斜度（见图 3—46）。在窗口③中单击"拔模"图标（P3），弹出"拔模定义"对话框。

1）在"拔模定义"对话框中；先选择中性元素（P4），在绘图区选择拉伸肋的上表面（P5），选中表面变为蓝色。

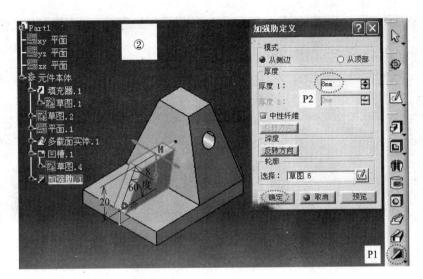

图 3—45　加强肋的定义

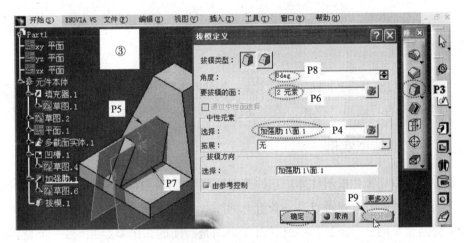

图 3—46　拔模的定义

2）选择要拔模的面（P6），在绘图区选择拉伸肋的两个侧面（P7），即出斜度的表面。

3）输入角度值：8（P8）。

4）单击"预览"，可以看到拔模斜面的结果，如果没有问题，单击"确定"，加强肋就完成了。

7．倒圆角，完成修饰特征

操作过程如图 3—47 所示。

（1）倒圆角属于修饰特征，找到并单击"倒圆角"图标（P1），弹出"倒圆角定义"对话框。

（2）选择需要倒圆角的棱线（P2），根据图样要求，有四处圆角。

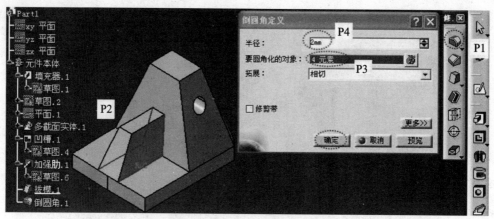

图 3—47　倒圆角，完成修饰特征

（3）选择完成后，输入圆角半径 2（P4）。单击"确定"，倒圆角就完成了。

所有操作完成后，选择菜单"文件"→"保存"，输入保存路径和文件名就完成了文件保存。

本例思考题

1. 如果两个棱线点数不相同的草图（如一个圆和一个矩形）需要进行混合造型，怎么办？
2. 拉伸肋是否可以用"拉伸"命令完成，与使用"加强肋"命令有什么区别？

3.3.4　扫描造型实例

扫描造型可以用来生成斜柱体。它的造型原理与拉伸一样，不过扫描的方向可以倾斜于绘图平面，扫描的方向线可以是一条组合的图线（直线或曲线），因此适应面更宽。扫描操作需要两个草图，一个是扫描的截面（必须是封闭的二维草绘），另一个是扫描的方向线（没有封闭限制），两个草图通常不在一个平面内。

扫描造型典型实例如图 3—48 所示。

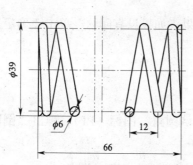

技术要求

1. 旋向：右旋。
2. 有效圈数：$n=4.5$。
3. 总圈数：$n_1=6.5$。
4. 表面处理：发蓝处理。
5. 热处理：42~48HRC。

图 3—48　扫描造型典型实例（弹簧）

1. **新建零件**（步骤如前所述）

2. **分析图样，确定造型思路**

弹簧是典型的扫描造型零件，扫描所需要的两个草图，一个是螺旋线，另一个是圆形。

分析图样中螺旋线的有效圈数可知，该弹簧的第一个草图由三段螺旋线组成。第一段螺旋线螺距在 0~12 mm 之间变化，圈数为 1，起点的构图平面可直接选择系统提供的 zx 平面；第二段螺旋线螺距为 12 mm，圈数为 4.5，螺旋长度为 54 mm，起点与第一段螺旋线相重合；第三段螺旋线与第一段相反，螺距在 12~0 mm 之间变化，圈数为 1，起点与第二段螺旋线相重合。

弹簧的第二个草图为 6 mm 的圆，圆心与螺旋线起点相重合，构图平面与螺旋线相垂直，这个构图平面需要自行创建。

弹簧两端多余部分可用两个相距 66 mm 的平面来切掉。

3. **按照造型思路，绘制螺旋线**

（1）零部件设计模块中没有绘制螺旋线的命令，需要转到曲面模块中，如图 3—49 所示。

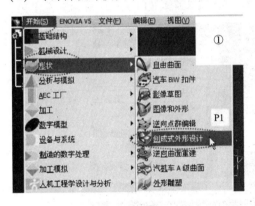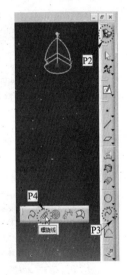

图 3—49　切换曲面模块

1）在窗口①中单击菜单"开始"→"形状"→"创成式外形设计"（P1）。

2）绘图区没有变化，右边的工具栏变为窗口②中所示（P2）。

3）单击窗口②中 P3 处的黑三角，图标栏横向展开，就能找到"螺旋线"命令（P4）。

（2）单击"螺旋线"命令，弹出"螺旋曲线定义"对话框，如图 3—50 所示。

1）在"螺旋曲线定义"对话框中需要定义的参数包括起点：弹簧起点；轴：弹簧中心轴；间距：螺矩；高度：长度；方向：逆时针，就是右旋。

2）在 P5 处按下鼠标右键，在弹出的右键菜单中选择"创建点"（P6），弹出"点定义"对话框（见图3—51中窗口④）。

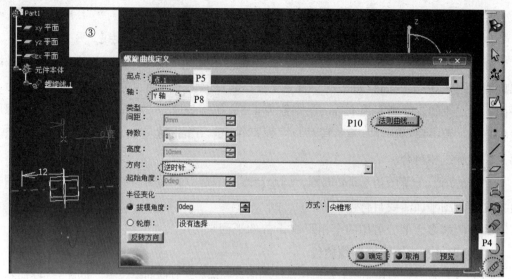

图3—50　第一段螺旋曲线的定义步骤（1）

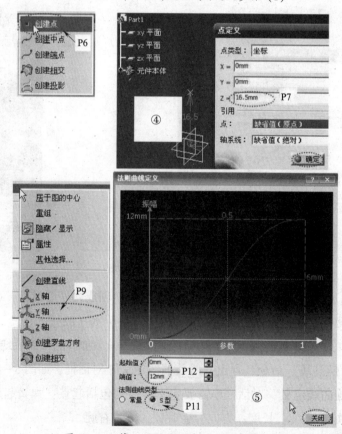

图3—51　第一段螺旋曲线的定义步骤（2）

3）在窗口④中 P7 处输入 16.5。绘图区将看到点的位置，若没有问题，单击"确定"，返回窗口③。

4）起点定义完成后，在窗口③P8 处按下鼠标右键，在弹出的右键菜单中选择"Y 轴"（P9）。

5）在窗口③P10 处单击"法则曲线"按钮，弹出"法则曲线定义"对话框（窗口⑤）。

6）在窗口⑤中选择法则曲线为"S 型"（P11），输入起始值 0，端值 12（P12）。单击"关闭"，返回窗口③。绘图区出现定义好的螺旋线，如果没有问题，单击"确定"。

（3）重复单击"螺旋线"命令，定义第二段螺旋线，如图 3—52 所示。

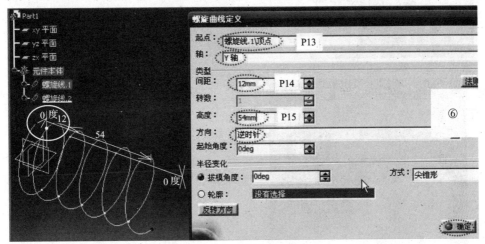

图 3—52　第二段螺旋曲线的定义

按照前面的造型思路分析，第二段螺旋线的起点直接选择图中螺旋线.1 的末端点（P13）。轴的定义与前面定义相同，都为 Y 轴，间距为 12（P14），高度为 54（P15）。绘图区将看到第二段螺旋线，若没有问题，单击"确定"。

（4）重复单击"螺旋线"命令，定义第三段螺旋线，如图 3—53 所示。

1）在"螺旋曲线定义"对话框中，第三段螺旋线的起点直接选择图中螺旋线.2 的末端点（P16）。

2）轴的定义与前面定义相同，都为 Y 轴（P17）。

3）单击"法则曲线"（P18），弹出"法则曲线定义"对话框（窗口⑧）。

4）在窗口⑧中，先选择法则曲线的类型为"S 型"（P19），输入起始值 12，端值 0（P20），定义完成后，单击"关闭"，返回窗口⑦。

绘图区将看到第三段螺旋线，若没有问题，单击"确定"。

（5）合并三段螺旋线为一条曲线，如图 3—54 所示。

单击窗口⑧中 P18 处的"接合"命令，弹出"接合定义"对话框。依次单击结构树中的"螺旋线.1""螺旋线.2"和"螺旋线.3"（P19），要合并的元素出现在"接合定义"对话框中（P20）。绘图区将看到三段螺旋线变为选中的橙色状态，若没有问题，单击"确定"。

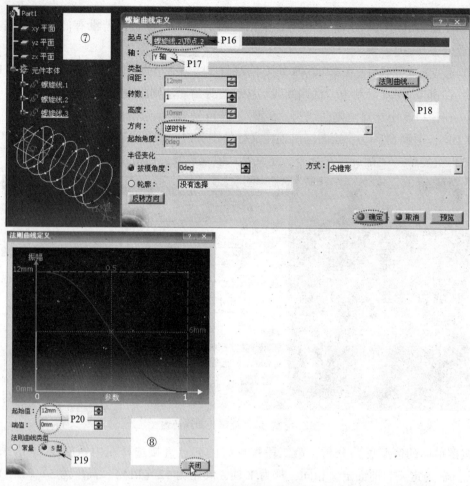

图 3—53　第三段螺旋曲线的定义

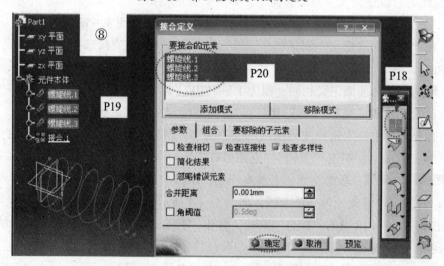

图 3—54　合并三段螺旋曲线

4. 绘制弹簧的第二个草图

（1）构图平面的创建。

弹簧第二个草图的构图平面与螺旋线相垂直，这个构图平面需要自行创建。

法向构图平面的创建过程如图3—55和图3—56所示。

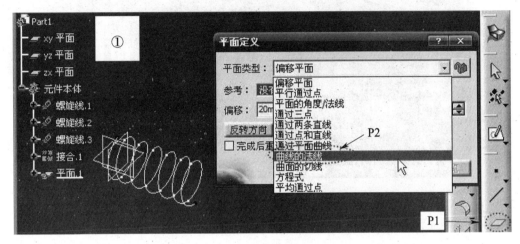

图3—55　法向构图平面的定义步骤（1）

1）在曲面模块中，创建构图平面的工具栏图标不用寻找，直接就可以看到。如图3—55所示，单击窗口①中"创建平面"图标（P1），弹出"平面定义"对话框。

2）创建法向平面，在平面类型中选择"曲线的法线"（P2）。

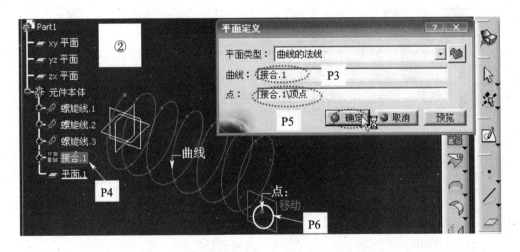

图3—56　法向构图平面的定义步骤（2）

3）平面类型选择"曲线的法线"后，需要定义以下两个参数（见图3—56）：

曲线（P3）：直接选择结构树中的"接合.1"（P4）。

点（P5）：直接选择图中螺旋线的端点（P6）。

（2）完成二维草图以上述自定义的平面为构图平面，进入草图绘制模块，完成弹簧二维草图的创建，如图3—57所示。

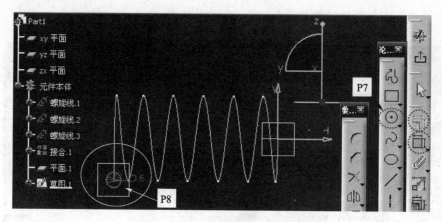

图 3—57　创建弹簧截面草图

1）弹簧截面二维草图用"画圆"命令（P7）就可以完成。

2）圆绘制后，使用尺寸约束定义直径6 mm，使用关系约束定义圆心螺旋线的端点重合。

3）所有操作完成后，退出草图绘制。

5. 使用"扫描"命令，完成弹簧造型

（1）由于曲面模块不能创建实体模型，需要返回零部件设计模块中，如图3—58所示。

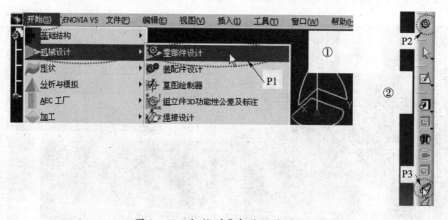

图 3—58　切换到零部件设计模块

1）在窗口①中，单击菜单"开始"→"机械设计"→"零部件设计"（P1）。

2）绘图区没有变化，右边的工具栏变为窗口②中所示（P2）。

3）窗口②中P3处的图标就是"扫描"命令。

（2）选择"扫描"命令，完成造型，如图3—59所示。

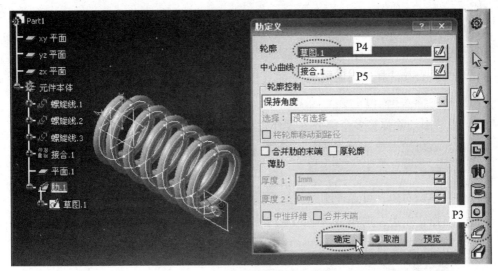

图3—59 弹簧的扫描定义

1）返回零件设计模块后，单击"肋"图标（P3），弹出"肋定义"对话框。轮廓的定义选择刚完成的草图.1（P4）；中心曲线选择合并后的螺旋线接合.1（P5）。

2）绘图区出现扫描后的弹簧，若没有问题，单击"确定"，弹簧实体就完成了。

6．切平弹簧的两端

扫描完成的弹簧，两端并不是平的，图样要求的弹簧是两端并紧并磨平，下面是切平弹簧两端的过程。

（1）定义切削平面。

弹簧左端的平面可直接选择 zx 平面；右端的平面可参考 zx 平面，定义一个相距66 mm 的等距平行平面。等距平行平面的创建过程如图3—60 所示。

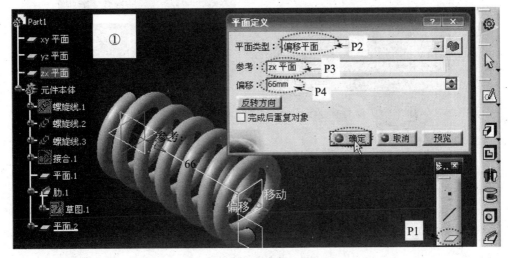

图3—60 等距平行平面的创建

1) 单击窗口①中"创建平面"图标（P1），弹出"平面定义"对话框。

2) 创建等距平行平面，在平面类型中选择"偏移平面"（P2）。

3) 参考：直接选择绘图区的 zx 平面（P3）。

4) 偏移：输入 66（P4）。

（2）用平面切除弹簧多余部分（操作过程见图 3—61）。

1) 单击窗口①中菜单"插入"→"基于曲面的特征"→"分割"（P1），弹出"分割定义"对话框。

2) 分割弹簧右边，可选择刚完成的平面 .2（P6）。

3) 分割弹簧左边，选择 zx 平面（P7），分割后的结果如窗口③所示。

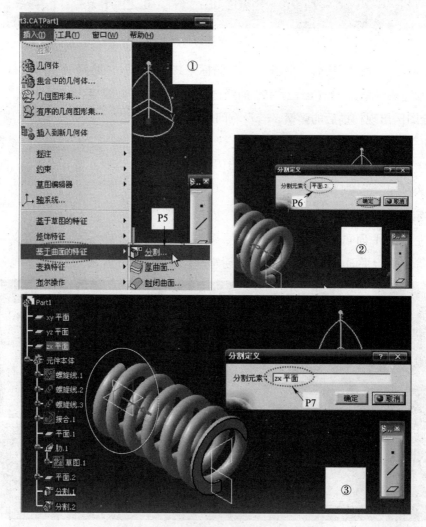

图 3—61　平面分割实体

所有操作完成后，选择菜单"文件"→"保存"，输入保存路径和文件名就完成了文件保存。

本例思考题

1. 腰鼓形弹簧的螺旋线如何生成？
2. 弹簧第二个草图的构图平面能否不自行创建，而直接选择 yz 平面？
3. 变螺距弹簧的螺旋线如何生成？

第 4 章

零件的三维曲面造型

要点：

- 掌握三维曲面零件的造型方法
- 掌握曲线创建、曲面创建、曲面修剪和曲面接合等常用
  操作指令

4.1 概　　述

曲面是一条动线在给定的条件下在空间连续运动的轨迹。如图 4—1 所示的曲面是直线 AA_1 沿曲线 $A_1B_1C_1N_1$ 且平行于直线 L 运动而形成的。产生曲线的动线（直线或曲线）称为母线；曲面上任一位置的母线（如 BB_1、CC_1）称为素线；控制母线运动的线、面分别称为导线、导面。

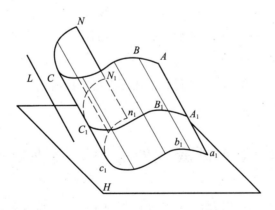

图 4—1　曲面的定义

根据形成曲面的母线形状，曲面可分为直线面和曲线面。

直线面——由直母线运动而形成的曲面。

曲线面——由曲母线运动而形成的曲面。

根据形成曲面的母线运动方式，曲面可分为回转面和非回转面。

回转面——由直母线或曲母线绕一固定轴线回转而形成的曲面。

非回转面——由直母线或曲母线依据固定的导线、导面移动而形成的曲面。

早期的曲面采用网格的方式来控制物体表面的曲线度，现在已统一采用 NURBS 曲线来构造曲面。

NURBS 是 Non – Uniform Rational B – Splines 的缩写，是非均匀有理 B 样条的意思。简单来说，NURBS 是一种专门作曲面的方法。在 NURBS 表面里生成一条有棱角的边是很困难的。因为这个特点，可以用它作出各种复杂的曲面造型及表现特殊的效果，如流线型的跑车、人的面貌和皮肤等。

在现代社会中，许多高科技产品要求具有复杂的曲面，以满足某些数学特征的要求。与此同时，人们在注重产品功能的同时，也对产品的外观造型提出了越来越高的要求，追求美学效果的需求，共同推动了曲面的设计，包含曲面设计的零件也随之增多，而前面学习过的实体造型方法不能完全达到设计的要求，需要学习新的造型方法。

曲面造型是针对具有曲面外形零件而采用的一种建模方法。目前的三维 CAD 软件已经有丰富的曲线和曲面功能，通过这些功能可以创建出复杂的产品外形，并能通过曲面模型最终得到满足要求的实体模型。

在 CATIA 中，是通过创成式外形设计和自由曲面模块这两个模块来完成零件的曲面造型的。

在 CATIA 中，通常将在三维空间创建的点、线（包括直线和曲线）、平面称为线框，将在三维空间中建立的各种面称为曲面，将一个曲面或几个曲面的组合称为面组。值得注意的是，曲面是没有厚度的几何特征，不可将曲面与实体里的"厚（薄）壁"特征相混淆。利用曲面可以切割实体，或者将封闭的曲面直接转换成实体。

4.2 CATIA 创成式外形设计模块命令简介

启动 CATIA，进入软件环境后，系统默认创建了一个装配文件，名称是 Product1。此时单击 CATIA 主菜单 ■ 开始 → ■形状 → ■创成式外形设计，就进入了创成式外形设计模块。主菜单中插入菜单的内容会自动变成曲面设计的操作指令，如图 4—2 所示。

尽管这个插入菜单包含了创成式外形设计的绝大多数命令，但用户更习惯使用绘图区里的工具按钮。常见的工具按钮及其功能注释如图 4—3 ~ 图 4—5 所示。

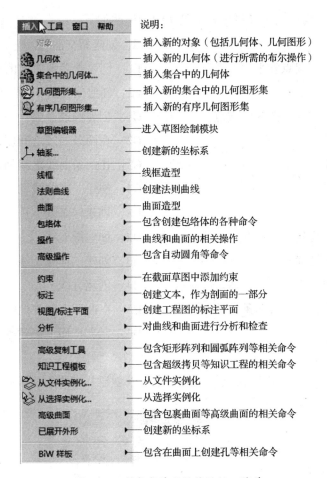

插入	工具 窗口 帮助	说明:
	对象	—— 插入新的对象（包括几何体、几何图形）
🪺	几何体	—— 插入新的几何体（进行所需的布尔操作）
🪺	集合中的几何体...	—— 插入集合中的几何体
🪶	几何图形集...	—— 插入新的集合中的几何图形集
🪶	有序几何图形集...	—— 插入新的有序几何图形集
	草图编辑器 ▶	进入草图绘制模块
⫧	轴系...	—— 创建新的坐标系
	线框 ▶	线框造型
	法则曲线 ▶	创建法则曲线
	曲面 ▶	曲面造型
	包络体 ▶	包含创建包络体的各种命令
	操作 ▶	曲线和曲面的相关操作
	高级操作 ▶	包含自动圆角等命令
	约束 ▶	在截面草图中添加约束
	标注 ▶	创建文本，作为剖面的一部分
	视图/标注平面 ▶	创建工程图的标注平面
	分析 ▶	对曲线和曲面进行分析和检查
	高级复制工具 ▶	包含矩形阵列和圆弧阵列等相关命令
	知识工程模板 ▶	包含超级拷贝等知识工程的相关命令
🪶	从文件实例化...	—— 从文件实例化
🪶	从选择实例化...	—— 从选择实例化
	高级曲面 ▶	包含包裹曲面等高级曲面的相关命令
	已展开外形 ▶	创建新的坐标系
	BiW 样板 ▶	包含在曲面上创建孔等相关命令

图4—2 创成式外形设计的插入菜单

1. "线框"工具栏

使用图4—3所示"线框"工具栏中的命令可以创建点、线、平面及各种空间曲线。

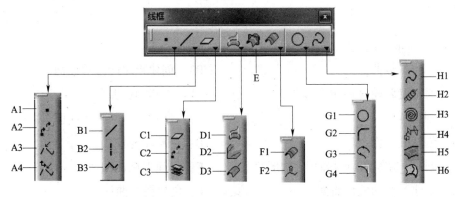

图4—3 "线框"工具栏

图 4—3 所示"线框"工具栏中各工具按钮的说明如下：

A1：创建点。

A2：多次重复创建点和平面。

A3：创建图素的端点。

A4：在极坐标中创建图素的端点。

B1：创建直线。

B2：创建轴线。

B3：创建折线。

C1：创建平面。

C2：创建点面复制。

C3：创建面间复制。

D1：将点或曲线投影到支持面。

D2：沿着两个方向混合两条曲线。

D3：创建反射线。

E：创建相交曲线。

F1：创建由参考曲线偏移而得到的曲线。

F2：创建偏移的 3D 曲线。

G1：创建圆或圆弧。

G2：在两条曲线之间创建圆角曲线。

G3：在两条曲线之间创建连接曲线。

G4：创建二次曲线。

H1：创建样条线。

H2：创建螺旋线。

H3：创建端面螺旋线。

H4：创建脊线。

H5：在曲面上创建曲线。

H6：在支持面上创建等参数曲线。

2."曲面"工具栏

使用图 4—4 所示"曲面"工具栏中的命令可以创建基本曲面、球面及圆柱面。

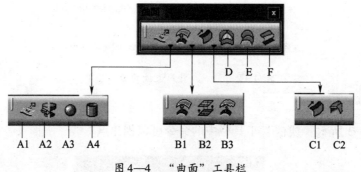

图 4—4 "曲面"工具栏

图 4—4 所示"曲面"工具栏中各工具按钮的说明如下：

A1：创建拉伸曲面。

A2：通过旋转轮廓创建回转曲面。

A3：创建球面。

A4：创建圆柱面。

B1：创建由参考曲面偏移而得到的曲面。

B2：创建可变的偏移曲面。

B3：创建粗略的偏移曲面。

C1：创建扫掠曲面。

C2：创建适应性扫掠曲面。

D：创建填充曲面。

E：创建多截面曲面。

F：创建桥接曲面。

3."操作"工具栏

使用图4—5所示"操作"工具栏中的命令可以对建立的曲线或曲面进行编辑及变换操作。

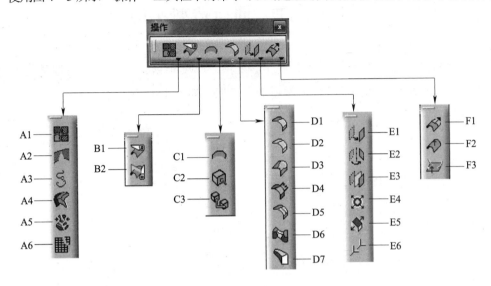

图4—5　"操作"工具栏

图4—5所示"操作"工具栏中各工具按钮的说明如下：

A1：接合曲线或曲面。　　　　　　D4：创建弦圆角。

A2：修复曲面。　　　　　　　　　D5：创建样式圆角。

A3：对曲线进行光顺。　　　　　　D6：通过选择两个面来创建面与面之间的圆角。

A4：对曲面进行光顺。　　　　　　D7：创建相切三条曲线的内圆角。

A5：取消修剪曲线或曲面。　　　　E1：沿某一方向平移元素。

A6：拆解多单元几何体。　　　　　E2：绕轴线旋转元素。

B1：分割元素。　　　　　　　　　E3：通过对称变换元素。

B2：修剪元素。　　　　　　　　　E4：等比例缩放元素。

C1：从曲面创建边界。　　　　　　E5：不等比例缩放元素。

C2：提取面或曲线。　　　　　　　E6：将元素从一个轴系统变换到另一个轴系统。

C3：提取一组曲面或一组曲线。　　F1：通过外插延伸创建曲面或曲线。

D1：在两个曲面之间创建圆角。　　F2：反转元素的法线方向。

D2：创建倒圆角。　　　　　　　　F3：提取最近的元素。

D3：创建可变圆角。

注意：这些按钮的使用频率并不均等，有些按钮每次都要使用，有些按钮很少使用。
在后面的实例练习中，应随着操作次数的增加逐渐掌握并记忆常用按钮。

4.3 CATIA 曲面造型实例

矿泉水瓶是生活中常见的物体，其外形复杂，厚度很薄，可以直观地理解为曲面零件。下面通过一个矿泉水瓶的实例来学习曲面造型，如图4—6所示。

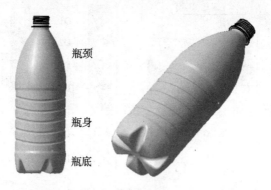

图4—6 曲面造型实例（矿泉水瓶）

为了便于学习，把矿泉水瓶分为瓶颈、瓶身和瓶底三个部分。

4.3.1 瓶底的造型

曲面造型与实体造型相比，不需要考虑草图是否封闭的问题。观察瓶底，要完成零件造型，首先要绘制三个关键的曲线，三个关键曲线的尺寸如图4—7所示。

1. 启动 CATIA 软件，新建一个 Part 文件后，选择进入曲面模块，如图4—8所示。

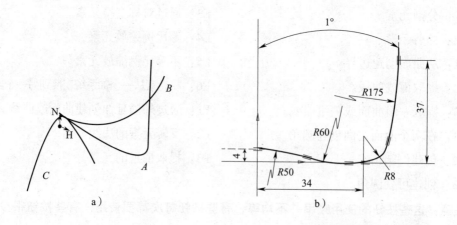

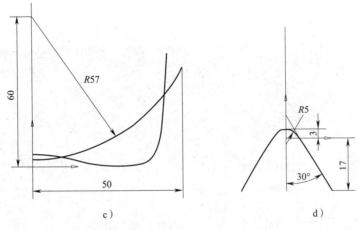

c)   d)

图4—7　瓶底关键曲线的尺寸

a) 三个关键曲线的轴测图　b) 曲线A的尺寸　c) 曲线B的尺寸　d) 曲线C的尺寸

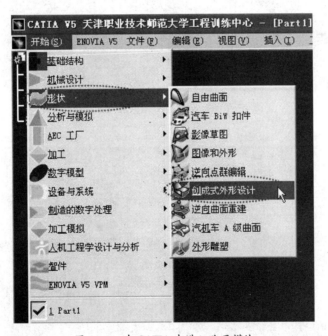

图4—8　在CATIA中进入曲面模块

2. 选择 *yz* 平面为构图平面，进入草图绘制模块，按照图4—7提供的曲线尺寸，完成曲线A的草图，如图4—9所示。

曲线A是瓶底的基本形状，由四条圆弧线段构成，圆弧之间都是相切的，注意两端与两条参考直线相切。

3. 再次选择 *yz* 平面为构图平面，进入草图绘制模块，按照图4—7提供的曲线尺寸，完成曲线B的草图，如图4—10所示。

101

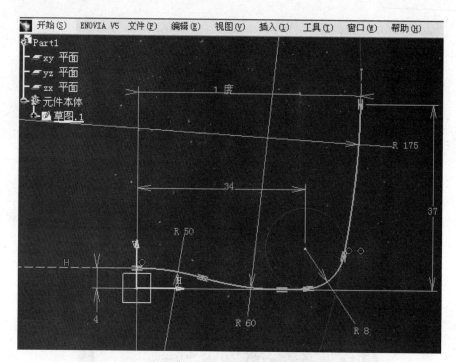

图4—9　在 yz 平面上完成曲线 A 的草图

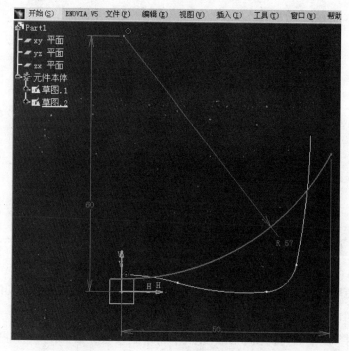

图4—10　在 yz 平面上完成曲线 B 的草图

曲线 B 是瓶底凹槽的扫描线，由一条圆弧线段构成，注意圆弧的尺寸。

4. 选择 zx 平面为构图平面，进入草图绘制模块，按照图 4—7 提供的曲线尺寸，完成曲线 C 的草图，如图 4—11 所示。

曲线 C 是瓶底凹槽的基本形状，由两条对称的直线和一条圆弧线段构成。

5. 依次完成三个草图的绘制后，得到三条曲线，如图 4—12 所示。

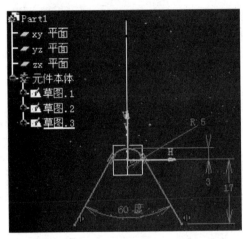

图 4—11　在 zx 平面上完成曲线 C 的草图

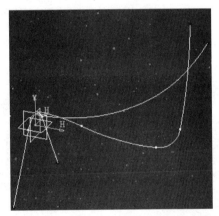

图 4—12　完成三个关键曲线的草图

6. 利用旋转曲面功能创建瓶底的基本外形曲面，如图 4—13 所示。

瓶底由五瓣形状相同的橘瓣组成，先完成第一瓣。

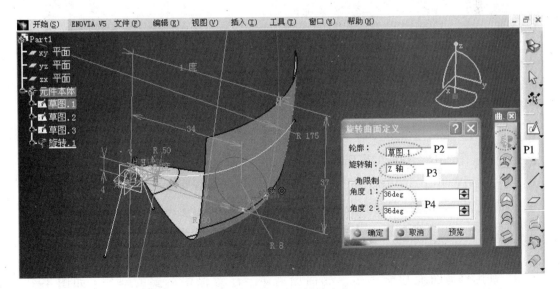

图 4—13　旋转曲面的生成

（1）完成草图绘制，返回创成式外形设计模块后，找到并单击"旋转"图标（P1），弹出"旋转曲面定义"对话框。

（2）轮廓：选择"草图.1"（P2）；旋转轴：按下鼠标右键，在弹出的右键菜单中选择"Z轴"（P3）。

（3）角限制中，在角度1：输入36；角度2：输入36。表示以曲线 A 为中心，向左和右各旋转36°。

（4）观察绘图区的图形，若没有问题，就单击"确定"，瓶底的一瓣就完成了。

7. 利用扫掠曲面功能完成瓶底凹槽的造型，如图4—14所示。

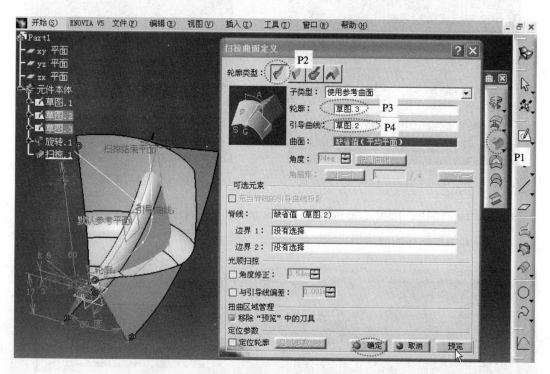

图4—14　扫掠曲面的绘制

瓶底的凹面是用扫掠曲面完成的。

（1）找到并单击"扫掠曲面"图标（P1），弹出"扫掠曲面定义"对话框。

（2）使用默认的轮廓类型（P2）。轮廓：选择"草图.3"（P3）；引导曲线：选择"草图.2"（P4）；其他参数使用默认值。

（3）观察绘图区的图形，若没有问题，单击"确定"，瓶底的凹槽就完成了。

8. 利用修剪曲面功能将多余的曲面剪去，注意保留需要的部分，如图4—15所示。

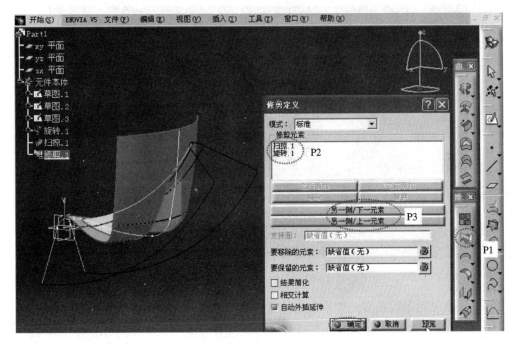

图 4—15　修剪多余曲面

（1）找到并单击"修剪"图标（P1），弹出"修剪定义"对话框。

（2）依次选择前面完成的两个曲面（P2），注意要单击保留的部分。

（3）观察绘图区的图形，如果选择有误，单击图中 P3 处的选项改正；若没有问题，单击"确定"即可完成。

9. 曲面生成后，可将曲线草图隐藏起来，以免影响后面的操作。操作方法是在要隐藏的草图上按下鼠标右键，在弹出的右键菜单中选择"隐藏/显示"。

10. 完成瓶底圆角造型。由于瓶底各处曲面的曲率不同，为了保证瓶底圆角光顺一致，利用可变圆角功能完成瓶底倒圆角的绘制，如图 4—16 所示。

（1）找到并单击"倒可变圆角"图标（P1），弹出"可变半径圆角定义"对话框。

（2）选择要倒圆角的棱边，CATIA 会自动将与选中棱线相切的其他棱线一并选中（P2），共八个元素。

（3）单击图中 P3 处的选点选项，然后在绘图区的棱线上选点，选点的关键是在曲率变化处选点，为了保证圆角过渡自然，这里选了 14 个点，如图 4—16 所示。

（4）双击绿色圆点处的半径值，弹出半径参数定义对话框，输入所要的值。图中从 P4 点开始，半径值依次为 14、6、4.6、4.5、3.8、4、5、9、5、4、3.8、4.5、4.6、6。完成后，单击"浏览"，可看到倒圆角效果。

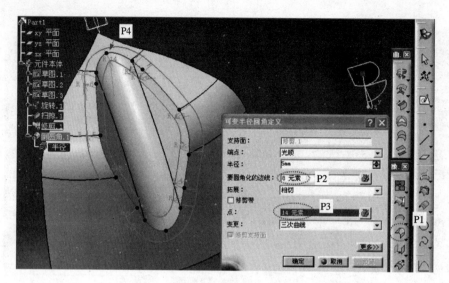

图 4—16 倒可变圆角

（5）观察绘图区的图形，如果没有问题，单击"确定"即可完成。

11. 利用圆周阵列功能，以倒完圆角后的曲面为对象，参考方向为 Z 轴，以 72°为间隔，共圆周阵列五个，得到其余四个瓣的曲面，如图 4—17 所示。

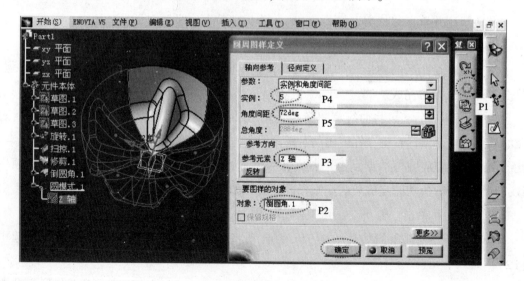

图 4—17 圆周阵列

（1）找到并单击"圆周阵列"图标（P1），弹出"圆周图样定义"对话框。

（2）选择要阵列的对象（P2），在参考元素处按下鼠标右键，在弹出的右键菜单中选择"Z 轴"（P3）。

（3）输入圆周阵列的个数：5（P4），包括对象自己。

（4）输入角度间距：72（P5）。完成后，单击"预览"，可看到圆周阵列后的效果。

（5）观察绘图区的图形，如果没有问题，单击"确定"即可完成。

12．将完成后的曲面合并成一个对象，瓶底造型就完成了，如图4—18所示。

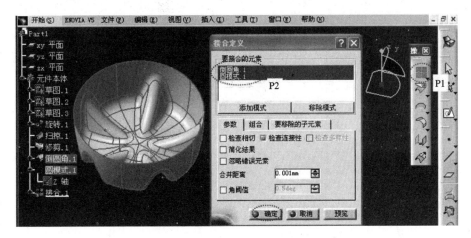

图4—18　将多个曲面合并为一个对象

（1）找到并单击"接合"图标（P1），弹出"接合定义"对话框。

（2）选择要合并的对象（P2）。

（3）观察绘图区的图形，如果没有问题，单击"确定"即可完成。

4.3.2　瓶身的造型

观察瓶身，要完成瓶身造型，需要绘制几个关键的曲线，其尺寸如图4—19所示。

1．瓶身造型所需构图平面的创建。

分析曲线 D 的尺寸要求，需要建立两个与 xy 平面相平行的构图平面。

平行构图平面的创建过程如图4—20和图4—21所示。

（1）如图4—20所示，单击窗口①中"创建平面"图标（P1），弹出"平面定义"对话框。

（2）在平面类型中选择"偏移平面"（P2），参考选择 xy 平面，偏移值为36。

平面.1是瓶底与瓶身的分界面。

（3）如图4—21所示，单击窗口②中"创建平面"图标（P5），弹出"平面定义"对话框。

（4）在平面类型中选择"偏移平面"；参考选择前面创建的平面，即平面.1；偏移值为106。

平面.2是瓶身与瓶颈的分界面。

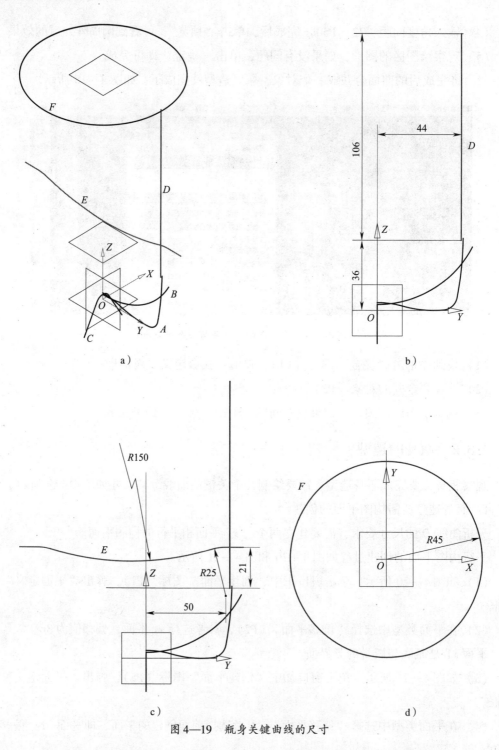

图 4—19 瓶身关键曲线的尺寸

a）关键曲线的轴测图　b）曲线 D 的尺寸　c）曲线 E 的尺寸　d）曲线 F 的尺寸

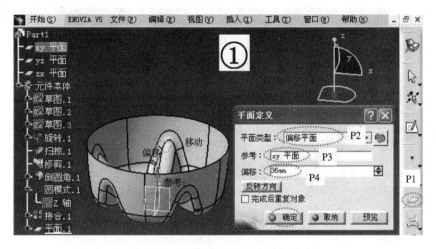

图4—20　平面构图平面的定义（1）

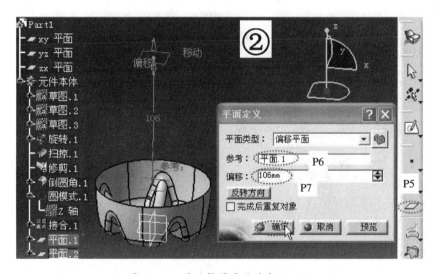

图4—21　平面构图平面的定义（2）

2. 选择 yz 平面为构图平面，进入草图绘制模块，按照图 4—19 提供的曲线尺寸，完成曲线 D 的草图，如图 4—22 所示。

曲线 D 用来控制瓶身外径，是一条垂直线，用"直线"命令完成（P1）；定义与 Z 轴相距 44，用"尺寸约束"命令完成（P2）。曲线 D 的两端与前面定义的平面.1 和平面.2 相合，用"关系约束"命令完成（P3）。

观察绘图区的图形，若没有问题，就可以退出草图绘制模块了。

3. 选择 yz 平面为构图平面，进入草图绘制模块，按照图 4—19 提供的曲线尺寸，完成曲线 E 的草图，如图 4—23 所示。

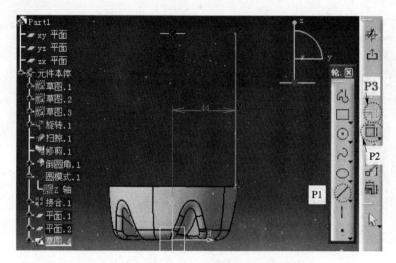

图 4—22 在 yz 平面上完成曲线 D 的草图

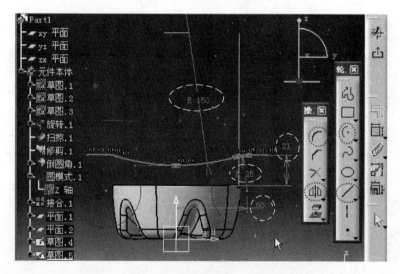

图 4—23 在 yz 平面上完成曲线 E 的草图

曲线 E 是用来控制瓶身波浪花纹的关键曲线，由四条圆弧线段和两条水平直线构成，两端与 Z 轴是对称的，圆弧和直线之间都是相切的。

4. 选择平面.2 为构图平面，进入草图绘制模块，按照图 4—19 提供的曲线尺寸，完成曲线 F 的草图，如图 4—24 所示。

曲线 F 用来控制瓶身波浪花纹的波动范围。创建曲线 F 的步骤如下：构图平面选择在平面.2 上，进入草图绘制，绘制一个圆心在 xy 原点、直径为 90 mm 的圆，完成后退出草图绘制。

注意观察绘图区三条曲线的位置。

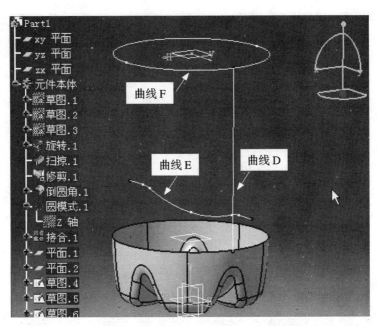

图4—24　在平面.2上完成曲线F的草图

5. 有了基本曲线后，还需要生成三条辅助曲线。绘制辅助曲线的步骤如图4—25～图4—27所示。

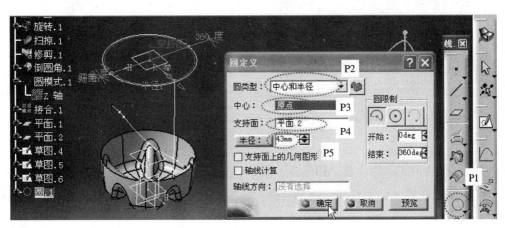

图4—25　绘制圆

圆.1是曲线F的同心圆，用来控制波浪花纹的深度。直接利用曲线模块中的"画圆"命令（P1），弹出"圆定义"对话框。

圆类型：选择"中心和半径"（P2）。

中心：选择曲线F的圆心，即原点（P3）。

支持面：选择"平面.2"（P4）。

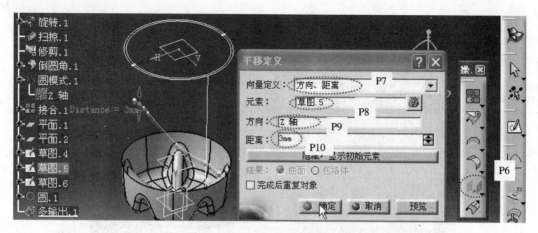

图4—26 平移第一条曲线

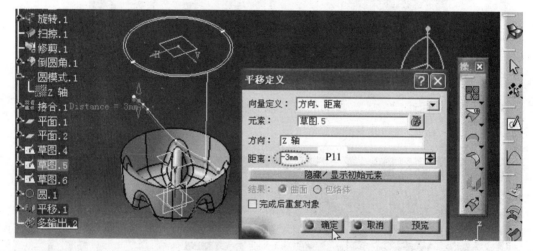

图4—27 平移第二条曲线

半径：43（P5）。

注意观察绘图区圆的位置，若没有问题，单击"确定"即可完成，如图4—25所示。

平移.1是曲线E的平行线，用来控制波浪花纹的上边缘。利用曲线模块中的"平移"命令（P6），弹出"平移定义"对话框。

向量定义：选择"方向、距离"（P7）。

元素：选择"草图.5"。

方向：按下鼠标右键，在弹出的右键菜单中选择"Z轴"（P9）。

距离：3（P10），即向上平移3 mm。

如图4—26所示，注意观察绘图区新绘曲线的位置，若没有问题，单击"确定"即可完成。

平移 . 2 也是曲线 E 的平行线，用来控制波浪花纹的下边缘。操作步骤与平移 . 1 的操作步骤一致，有区别的地方是距离输入 – 3（P11），即向下平移 3 mm。

如图 4—27 所示，注意观察绘图区新绘曲线的位置，若没有问题，单击"确定"即可完成。

6. 利用前面创建的曲线混合成波浪曲线。需要三条混合生成的波浪曲线，分别是波浪曲面的上边缘、底部和下边缘。混合曲线的操作步骤如图 4—28 ~ 图 4—30 所示。

如图 4—28 所示，使用"混合曲线"命令，将曲线 F 和平移 . 1 混合产生波浪曲面的上边缘。

单击"混合曲线"图标（P1），弹出"混合定义"对话框。

混合曲线类型：选择"法线"（P2）。

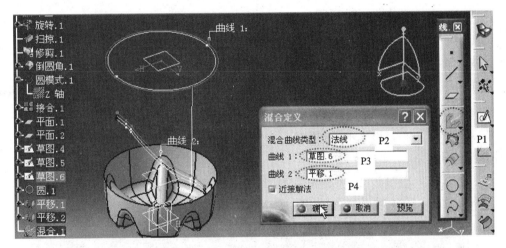

图 4—28　产生第一条混合曲线

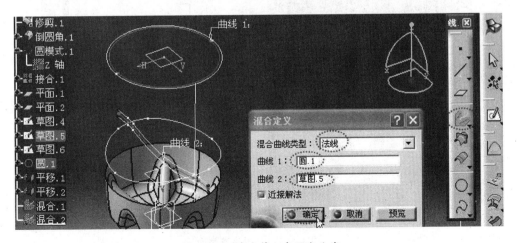

图 4—29　产生第二条混合曲线

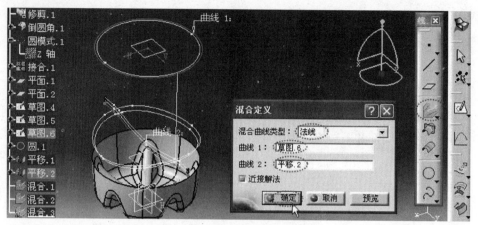

图 4—30　产生第三条混合曲线

曲线 1：选择 "草图 . 6"（P3）。

曲线 2：选择 "平移 . 1"（P4）。

注意观察绘图区新绘曲线的位置，若没有问题，单击 "确定" 即可完成。

如图 4—29 所示，第二条混合曲线是将圆 . 1 和曲线 E 混合产生波浪曲面的底部曲线，操作步骤同前。

如图 4—30 所示，第三条混合曲线是将曲线 F 和平移 . 2 混合产生波浪曲面的下边缘，操作步骤同前。

7. 波浪曲线完成后，以这三条混合曲线为引导曲线，使用 "扫掠曲面" 命令，生成第一个波浪曲面，操作步骤如图 4—31 所示。

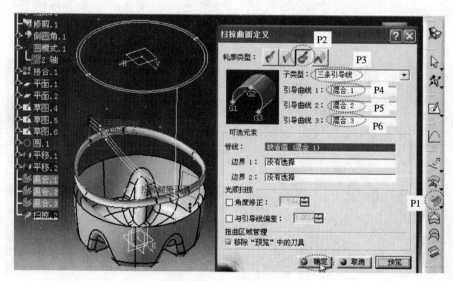

图 4—31　产生波浪曲面

单击"扫掠曲面"图标（P1），弹出"扫掠曲面定义"对话框。轮廓类型选择圆（P2），子类型选择"三条引导线"（P3）。依次选择三条混合曲线，引导曲线1："混合.1"（P4）；引导曲线2："混合.2"（P5）；引导曲线3："混合.3"（P6）。单击"预览"，观察绘图区产生的波浪曲面，若没有问题，单击"确定"即可完成。

8. 按照图样要求，需要生成五个波浪曲面，在此使用"阵列"命令，生成其他的波浪曲面，操作步骤如图4—32所示。

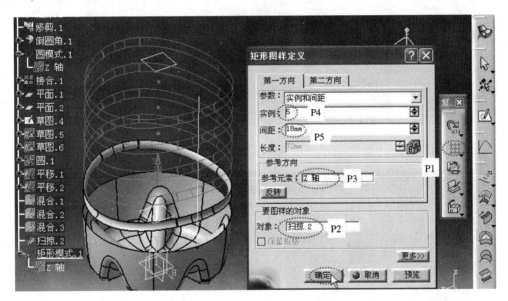

图4—32　阵列生成其他的波浪曲面

单击"矩形阵列"图标（P1），弹出"矩形图样定义"对话框。选择阵列对象："扫掠.2"（P2）；参考元素：按下鼠标右键，在弹出的右键菜单中选择"Z轴"（P3）；总共的实例：5（P4）；间距18（P5）。

单击"预览"，观察绘图区产生的阵列曲面，若没有问题，单击"确定"即可完成。

9. 使用"旋转曲面"命令，利用曲线 D 旋转生成瓶身，操作步骤如图4—33所示。

（1）找到并单击"旋转曲面"图标（P1），弹出"旋转曲面定义"对话框。

（2）轮廓：选择"草图.4"（P2），即曲线 D。旋转轴：按下鼠标右键，在弹出的右键菜单中选择"Z轴"（P3）。角限制，角度1：180，角度2：180（P4），即以曲线 D 为中心，向左、向右各旋转180°，生成圆柱。

（3）观察绘图区的图形，如果没有问题，单击"确定"即可完成。

10. 使用"修剪曲面"命令，将波浪曲面和瓶身曲面相交的多余部分剪去。由于波浪曲面是由一个单独曲面和四个阵列曲面构成的，因此要修剪两次。操作步骤如图4—34和图4—35所示。

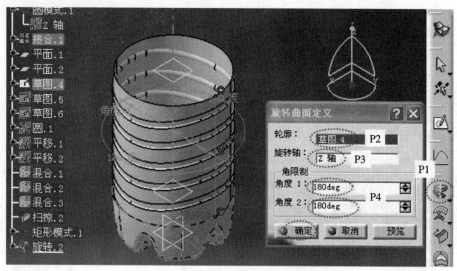

图4—33　使用"旋转曲面"命令生成瓶身表面

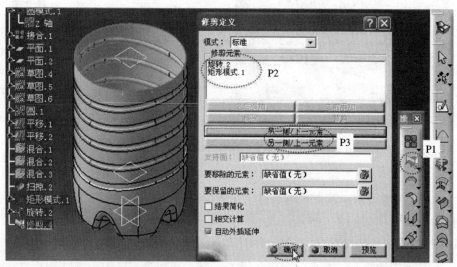

图4—34　修剪曲面多余部分（1）

（1）如图4—34所示，找到并单击"修剪"图标（P1），弹出"修剪定义"对话框。

（2）依次选择要修剪的对象（P2），尽量单击要保留的部分。如果选择有误，可单击P3处的图标。

（3）观察绘图区的图形是否修剪正确，如果没有问题，单击"确定"即可完成。

（4）如图4—35所示，再次单击"修剪"图标（P1），弹出"修剪定义"对话框。

（5）选择要修剪的对象（P2），这次是选择第一个波浪曲面和刚才修剪完成的曲面，尽量单击要保留的部分。如果选择有误，可单击图中P3处的图标。

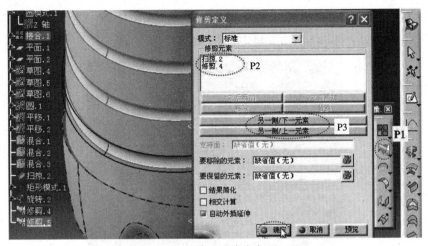

图 4—35　修剪曲面多余部分（2）

（6）观察绘图区的图形，若没有问题，单击"确定"即可完成。

修剪曲面完成后，瓶身造型就基本完成了。

4.3.3　瓶颈的造型

观察瓶颈，除了瓶口的螺纹外，没有什么修饰特征，只需要绘制一条关键的曲线，其尺寸如图 4—36 所示。

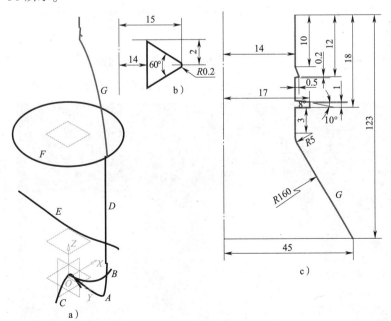

图 4—36　瓶颈关键曲线的尺寸

a）关键曲线的轴测图　　b）瓶口螺纹截面放大图　　c）曲线 G 的尺寸

1. 按照图4—36提供的曲线尺寸，选择yz平面为构图平面，进入草图绘制模块，完成曲线G的草图，操作步骤如图4—37所示。

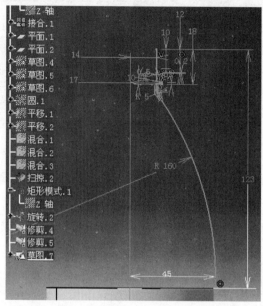

图4—37　在yz平面上完成曲线G的草图

曲线G用来控制瓶颈外形。

按照图4—36提供的外形和尺寸，选择yz平面为构图平面，进入草图绘制模块，用前面所学的命令完成草图的绘制。

观察绘图区的图形，若没有问题，就可以退出草图绘制模块了。

2. 使用"旋转曲面"命令，利用曲线G旋转生成瓶颈，操作步骤如图4—38所示。

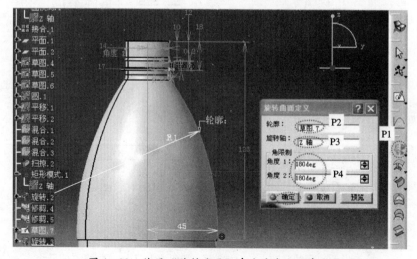

图4—38　使用"旋转曲面"命令生成瓶颈表面

（1）找到并单击"旋转曲面"图标（P1），弹出"旋转曲面定义"对话框。

（2）轮廓：选择"草图.7"（P2），即曲线 G。旋转轴：按下鼠标右键，在弹出的右键菜单中选择"Z 轴"（P3）。角限制，角度 1：180，角度 2：180（P4），即以曲线 G 为中心，向左、向右各旋转 180°，生成瓶颈。

（3）观察绘图区的图形，如果没有问题，单击"确定"即可完成。

3. 创建瓶口的螺纹曲面，首先需要创建螺旋曲线，操作步骤如图 4—39 和图 4—40 所示。

（1）创建螺旋曲线的起始点（见图 4—39）

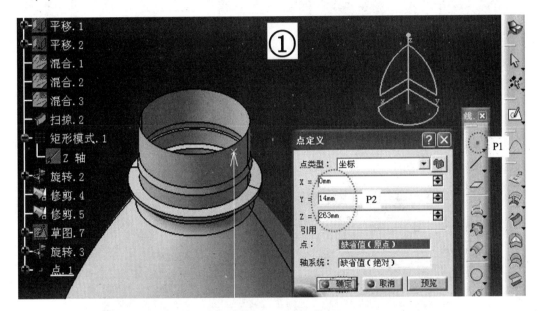

图 4—39　创建瓶口螺旋曲线步骤（1）

1）单击窗口①中"创建点"图标（P1），弹出"点定义"对话框。

2）输入点的坐标：$X = 0$、$Y = 14$、$Z = 263$，输入完成后单击"确定"，螺纹起始点的定义就完成了。

（2）创建螺旋线（见图 4—40）

1）单击窗口②中"创建螺旋线"图标（P3），弹出"螺旋曲线定义"对话框。

2）起点：选择前面创建的"点.1"（P4）；轴：Z 轴（P5），按下鼠标右键，在弹出的右键菜单中选择"Z 轴"。

3）输入间距：2.5（P6）；高度：6。间距是指螺纹的螺距，高度是指螺纹的总长度。

4）如果螺旋线的产生方向不正确，可以单击"反转方向"。

5）单击"预览"，观察螺旋线是否符合要求，如果没有问题，单击"确定"即可完成。

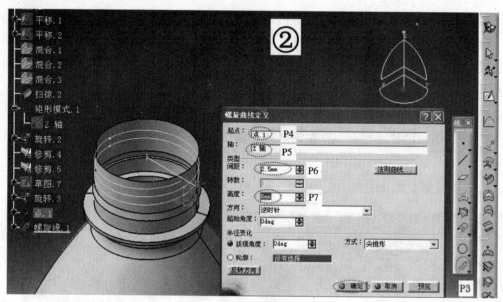

图 4—40　创建瓶口螺旋曲线步骤（2）

4. 绘制螺纹截面曲线。选择 yz 平面为构图平面，进入草图绘制模块，完成螺纹截面的草图，操作步骤如图 4—41 所示。

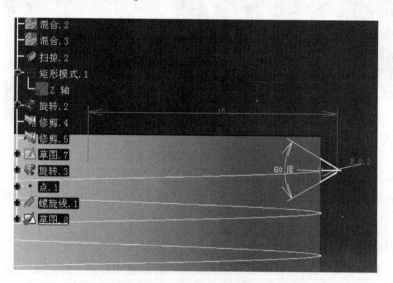

图 4—41　在 yz 平面上完成螺纹截面的草图

选择 yz 平面为构图平面，进入草图绘制模块，根据图 4—36 的要求绘制螺纹的截面形状，并标注其尺寸。观察绘图区的图形，若没有问题，就可以退出草图绘制模块了。

5. 使用"扫掠曲面"命令，利用螺纹曲线和螺纹截面，扫掠生成瓶口螺纹曲面，操作步骤如图 4—42 所示。

图 4—42　使用"扫掠曲面"命令生成瓶颈螺纹

（1）找到并单击"扫掠曲面"图标（P1），弹出"扫掠曲面定义"对话框。

（2）轮廓：选择"草图 .8"（P2），即螺纹截面；引导曲线：选择"螺旋线 .1"（P3）。

（3）单击"预览"，观察绘图区的图形，如果没有问题，单击"确定"即可完成。

6．观察矿泉水瓶实物，可以发现在瓶口螺纹的首尾两端各有一个收口的螺旋曲面，下面讲解这部分的造型过程。

参考前面螺纹的造型过程，首先要创建一段特殊的螺旋曲线，操作步骤如图 4—43 所示。

（1）单击"创建螺旋线"图标（P1），弹出"螺旋曲线定义"对话框。

（2）起点：选择前面创建的"点 .1"（P2）；轴：Z 轴（P3），按下鼠标右键，在弹出的右键菜单中选择"Z 轴"。

（3）输入间距：2.5（P4）；高度：0.2（P5）；拔模角度：80（P7）。拔模角度会使螺旋线产生内收。

（4）如果螺旋线的产生方向不正确，可以单击"反转方向"（P6）。

（5）单击"预览"，观察螺旋线是否符合要求，如果没有问题，单击"确定"即可完成。

7．使用"扫掠曲面"命令，利用收口的螺纹曲线和前面绘制的螺纹截面，扫掠生成瓶口螺纹的收口部分，操作步骤如图 4—44 所示。

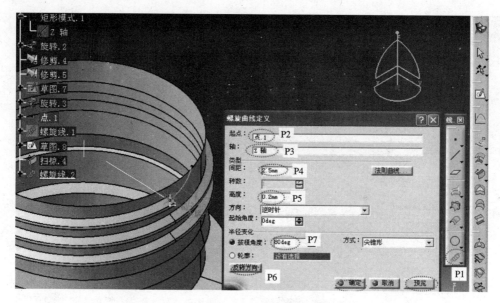

图 4—43 创建瓶口螺纹收口部分的螺旋曲线

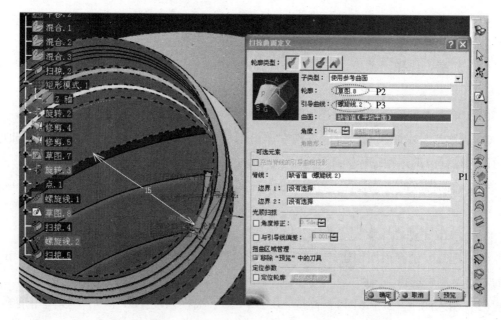

图 4—44 使用"扫掠曲面"命令生成瓶颈螺纹上方的收口部分

（1）找到并单击"扫掠曲面"图标（P1），弹出"扫掠曲面定义"对话框。

（2）轮廓：选择"草图.8"（P2），即螺纹截面；引导曲线：选择"螺旋线.2"（P3）。

（3）单击"预览"，观察绘图区的图形，如果没有问题，单击"确定"即可完成。

8.参考上方收口螺纹曲面的造型过程，创建下方的收口螺旋曲线，操作步骤如图 4—45 所示。

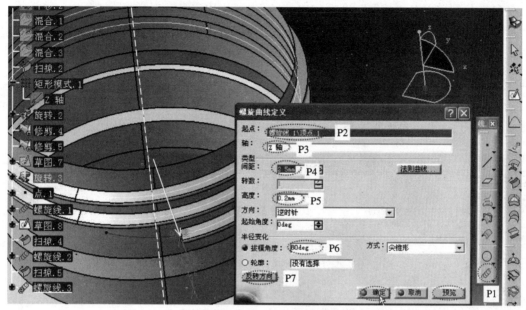

图4—45　创建瓶口螺纹下方收口部分的螺旋曲线

（1）单击"创建螺旋线"图标（P1），弹出"螺旋曲线定义"对话框。

（2）起点：选择螺旋线.1的下部端点（P2）；轴：Z轴（P3），按下鼠标右键，选择右键菜单中的"Z轴"。

（3）输入间距：2.5（P4）；高度：0.2（P5）；拔模角度：80（P6）。如果螺旋线的产生方向不正确，可以单击"反转方向"（P7）。

（4）单击"预览"，观察螺旋线是否符合要求，若没有问题，单击"确定"。

9．下方的收口部分还没有螺纹的截面草图，使用"提取"命令，将已完成的螺纹曲面末端的截面形状提取出来，作为下方收口部分的截面草图，提取的步骤如图4—46所示。

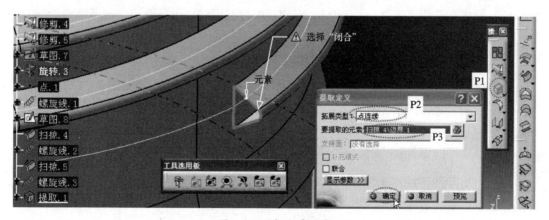

图4—46　提取截面线

（1）找到并单击"提取"图标（P1），弹出"提取定义"对话框。

（2）拓展类型选择"点连续"（P2），用鼠标单击绘图区中螺纹曲面末端的截面线，系统根据点连续的方式，自动将整个截面线都选中，并显示为绿色线，单击"确定"，截面线被提取出来。

10．使用"扫掠曲面"命令，利用收口的螺纹曲线和提取的截面线，扫掠生成瓶口螺纹下方的收口部分，操作步骤如图4—47所示。

图4—47　使用"扫掠曲面"命令生成瓶颈螺纹下方的收口部分

（1）找到并单击"扫掠曲面"图标（P1），弹出"扫掠曲面定义"对话框。

（2）轮廓：选择"提取.1"（P2），即刚提取的截面线；引导曲线：选择"螺旋线.3"（P3）。

（3）单击"预览"，观察绘图区的图形，如果没有问题，单击"确定"即可完成。

11．利用分割曲面功能，将螺纹收口的多余曲面剪去；操作步骤如图4—48所示。

（1）找到并单击"分割"图标（P1），弹出"分割定义"对话框。

（2）要切除的元素：选择"扫掠.5"（P2），即收口部分的螺旋曲面；切除元素：选择"旋转.3"（P3），即瓶颈曲面。注意单击要保留的部分。

（3）观察绘图区的图形，如果选择有误，单击图中P4处的选项改正；若没有问题，单击"确定"即可完成。

使用同样的方法，将下方螺纹收口的多余曲面剪去，瓶颈部分就完成了。

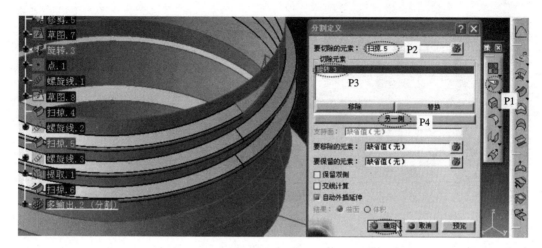

图4—48 分割多余曲面

4.3.4 连接瓶颈和瓶身的造型

瓶底、瓶身和瓶颈完成后，还需要将这三个部分连接起来。

1. 创建连接平面。以瓶身和瓶颈的分界面为基准，上下各平移2 mm，创建两个平面，如图4—49和图4—50所示。

图4—49 创建上平面

（1）创建上平面（见图4—49）

1）单击"创建平面"图标（P1），弹出"平面定义"对话框。

2）平面类型：选择"偏移平面"（P2）；参考：选择"平面.2"（P3），即瓶颈和瓶身的分界面；偏移：2（P4），即向上偏移2 mm。

3）观察绘图区的图形，若没有问题，单击"确定"即可完成。

（2）创建下平面（见图4—50）

图 4—50　创建下平面

1）单击"创建平面"图标（P1），弹出"平面定义"对话框。

2）平面类型：选择"偏移平面"（P2）；参考：选择"平面.2"（P3），即瓶颈和瓶身的分界面；偏移：2（P4）。单击"反转方向"按钮，即向下偏移 2 mm。

3）观察绘图区的图形，若没有问题，单击"确定"即可完成。

2. 利用"相交"命令，产生瓶颈边界线，操作步骤如图 4—51 所示。

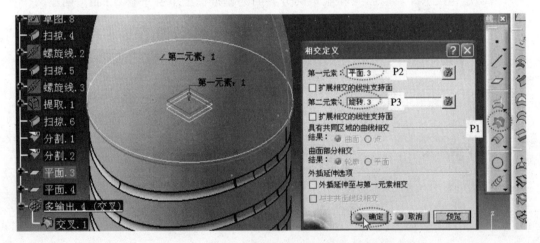

图 4—51　利用"相交"命令产生瓶颈分界线

（1）找到并单击"相交"图标（P1），弹出"相交定义"对话框。

（2）第一元素：选择"平面.3"（P2），即分界面上方的那个平面；第二元素：选择"旋转.3"（P3），即瓶颈曲面。

（3）单击"预览"，观察绘图区产生的图形，若没有问题，单击"确定"即可完成。

3. 重复利用"相交"命令，产生瓶身边界线，操作步骤如图 4—52 所示。

（1）找到并单击"相交"图标（P1），弹出"相交定义"对话框。

图 4—52　利用"相交"命令产生瓶身分界线

（2）第一元素：选择"平面.4"（P2），即分界面下方的那个平面；第二元素：选择"修剪.5"（P3），即瓶身曲面。

（3）单击"预览"，观察绘图区产生的图形，若没有问题，单击"确定"即可完成。

4. 使用"扫掠曲面"命令，利用瓶颈分界线和瓶身分界线，扫掠生成瓶颈和瓶身的连接曲面，操作步骤如图 4—53 所示。

图 4—53　使用"扫掠曲面"命令生成瓶颈和瓶身的连接曲面

（1）找到并单击"扫掠曲面"图标（P1），弹出"扫掠曲面定义"对话框。

（2）轮廓类型：直线类（P2）；子类型："两极限"（P3）；引导曲线 1：选择"交叉.1"（P4），即瓶颈分界线；引导曲线 2：选择"交叉.2"（P5），即瓶身分界线；长度 1：20；长度 2：20（P6）。

（3）单击"预览"，观察绘图区的图形，如果没有问题，单击"确定"即可完成。

5. 使用"修剪曲面"命令，将连接曲面和瓶颈曲面相交的多余部分剪去，操作步骤如图4—54所示。

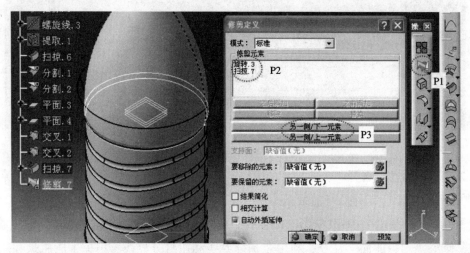

图4—54 修剪瓶颈和连接曲面相交的多余部分曲面

（1）找到并单击"修剪"图标（P1），弹出"修剪定义"对话框。

（2）依次选择要修剪的对象（P2），尽量单击要保留的部分。如果选择有误，可单击P3处的图标。

（3）观察绘图区的图形是否修剪正确，如果没有问题，单击"确定"即可完成。

6. 重复使用"修剪曲面"命令，将连接曲面和瓶身曲面相交的多余部分剪去，操作步骤如图4—55所示。

图4—55 修剪瓶身和连接曲面相交的多余部分曲面

（1）找到并单击"修剪"图标（P1），弹出"修剪定义"对话框。

（2）依次选择要修剪的对象（P2），尽量单击要保留的部分。

（3）观察绘图区的图形是否修剪正确，如果没有问题，单击"确定"即可完成。

修剪完成后，瓶颈和瓶身的连接部分就完成了。

4.3.5　连接瓶身和瓶底的造型

瓶身和瓶底的连接造型与瓶颈和瓶身的连接造型步骤完全一致。

1. 创建连接平面。以瓶身和瓶底的分界面为基准，上下各平移 2 mm，创建两个平面，如图4—56和图4—57所示。

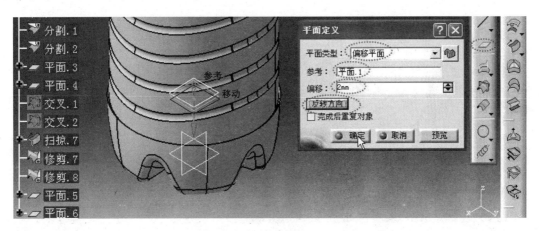

图4—56　创建平面1

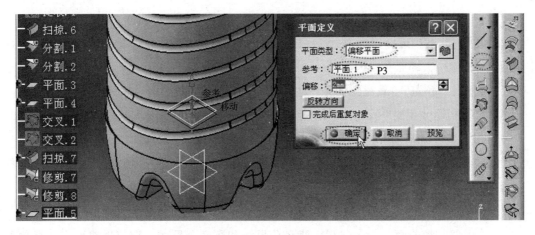

图4—57　创建平面2

（1）创建平面1（见图4—56）

1）单击"创建平面"图标，弹出"平面定义"对话框。

2）在平面类型中选择"偏移平面"；参考：选择"平面.1"，即瓶身和瓶底的分界面；偏移：2。单击"反转方向"按钮，即向下偏移2 mm。

3）观察绘图区图形，若没有问题，单击"确定"。

（2）创建平面2（见图4—57）

1）单击"创建平面"图标，弹出"平面定义"对话框。

2）在平面类型中选择"偏移平面"；参考：选择"平面.1"（P3），即瓶身和瓶底的分界面；偏移：2，即向上偏移2 mm。

3）观察绘图区的图形，若没有问题，单击"确定"即可完成。

2. 利用"相交"命令，产生瓶身下方的边界线，操作步骤如图4—58所示。

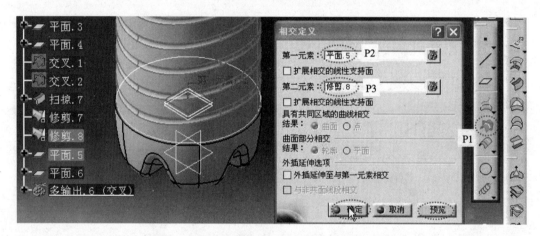

图4—58　利用"相交"命令产生瓶身下方的分界线

（1）找到并单击"相交"图标（P1），弹出"相交定义"对话框。

（2）第一元素：选择"平面.5"（P2），即分界面上方的那个平面；第二元素：选择"修剪.8"（P3），即瓶身曲面。

（3）单击"预览"，观察绘图区产生的图形，若没有问题，单击"确定"即可完成。

3. 重复利用"相交"命令，产生瓶底分界线，操作步骤如图4—59所示。

（1）找到并单击"相交"图标（P1），弹出"相交定义"对话框。

（2）第一元素：选择"平面.6"（P2），即分界面下方的那个平面；第二元素：选择"接合.1"（P3），即瓶身曲面。

（3）单击"预览"，观察绘图区产生的图形，若没有问题，单击"确定"即可完成。

4. 使用"扫掠曲面"命令，利用瓶身分界线和瓶底分界线，扫掠生成瓶身和瓶底的连接曲面，操作步骤如图4—60所示。

（1）找到并单击"扫掠曲面"图标（P1），弹出"扫掠曲面定义"对话框。

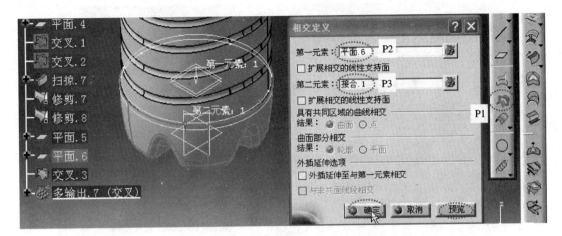

图 4—59　利用"相交"命令产生瓶底分界线

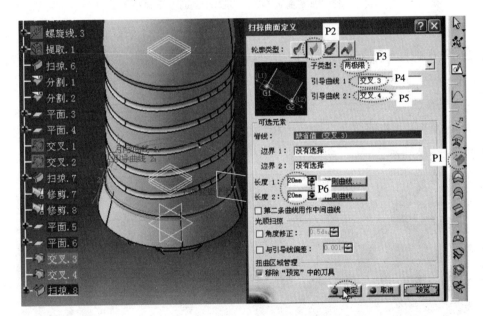

图 4—60　使用"扫掠曲面"命令生成瓶身和瓶底的连接曲面

（2）轮廓类型：直线类（P2）；子类型："两极限"（P3）；引导曲线 1：选择"交叉.3"（P4），即瓶身分界线；引导曲线 2：选择"交叉.4"（P5），即瓶底分界线：长度1：20 长度2：20（P6）。

（3）单击"预览"，观察绘图区产生的图形，如果没有问题，单击"确定"即可完成。

5. 使用"修剪曲面"命令，将连接曲面和瓶身曲面相交的多余部分剪去，操作步骤如图 4—61 所示。

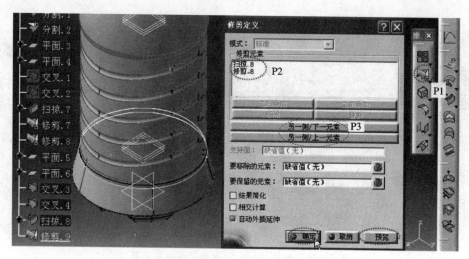

图 4—61　修剪瓶身和连接曲面相交的多余部分曲面

（1）找到并单击"修剪"图标（P1），弹出"修剪定义"对话框。

（2）依次选择要修剪的对象（P2），尽量单击要保留的部分。如果选择有误，可单击 P3 处的按钮。

（3）观察绘图区的图形是否修剪正确，如果没有问题，单击"确定"即可完成。

6. 重复使用"修剪曲面"命令，将连接曲面和瓶底曲面相交的多余部分剪去，操作步骤如图 4—62 所示。

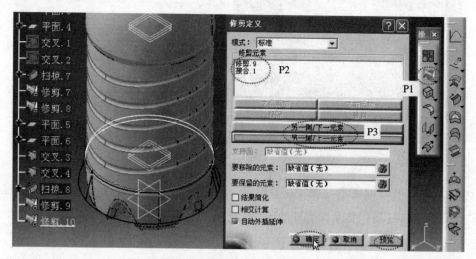

图 4—62　修剪瓶底和连接曲面相交的多余部分曲面

（1）找到并单击"修剪"图标（P1），弹出"修剪定义"对话框。

（2）依次选择要修剪的对象（P2），尽量单击要保留的部分。如果选择有误，单击 P3 处的按钮。

（3）观察绘图区的图形是否修剪正确，如果没有问题，单击"确定"即可完成。

4.3.6 完成倒圆角等修饰特征

观察矿泉水瓶实物，发现连接曲面和波浪曲面的连接部分存在光滑的倒圆角，利用"倒圆角"命令，完成倒圆角等修饰特征（见图4—63），矿泉水瓶的曲面造型就完成了。

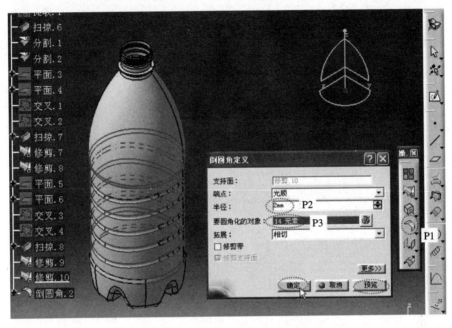

图4—63　完成倒圆角等修饰特征

（1）找到并单击"倒圆角"图标（P1），弹出"倒圆角定义"对话框。

（2）输入圆角半径：2（P2）；依次选择要倒圆角的棱线（P3），共有14处。

（3）选择完成后，单击"预览"，观察绘图区产生的图形，如果没有问题，单击"确定"即可完成。

所有操作完成后，选择菜单"文件"→"保存"，输入保存路径和文件名，完成文件保存。

本实例基本上涵盖了创成式外形设计这个曲面模块的功能，自由曲面模块在后面的章节里介绍。其他课堂练习内容见第五章综合练习。

本例思考题

曲面造型与实体造型相比较，各自的适用范围是哪些领域？

第 5 章

综合练习

要点：

- 熟练完成常见机械零件的三维造型

5.1 拉伸造型类零件

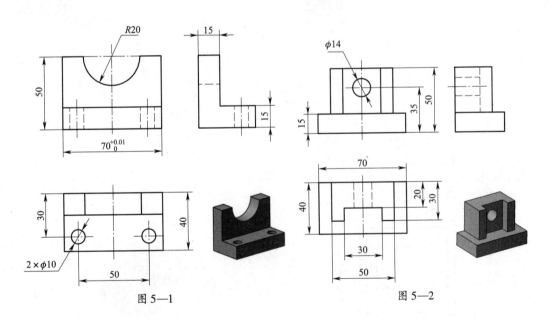

图 5—1

图 5—2

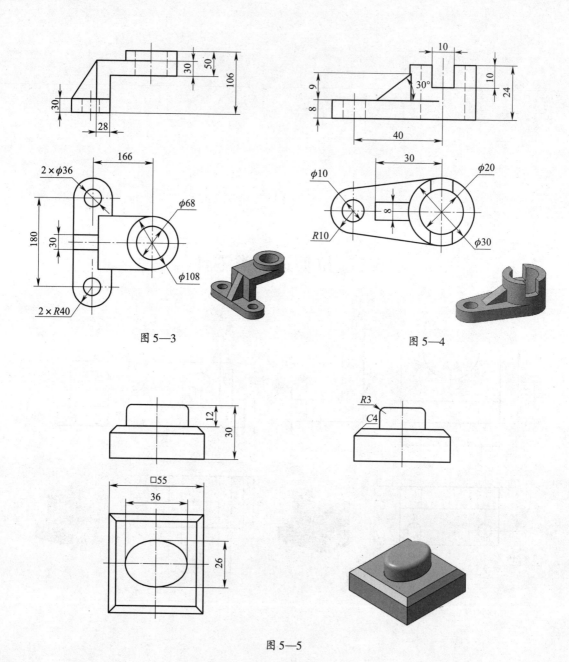

图 5—3

图 5—4

图 5—5

138

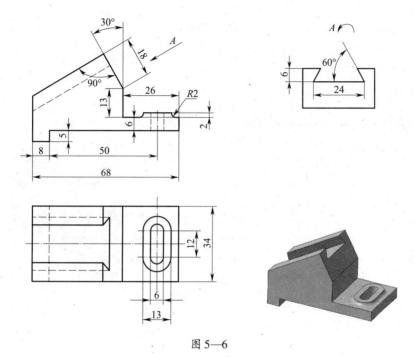

图 5—6

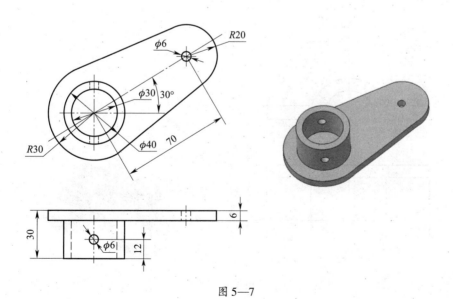

图 5—7

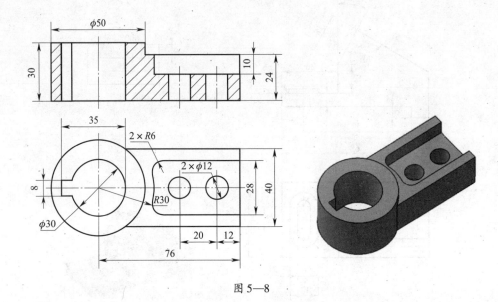

图 5—8

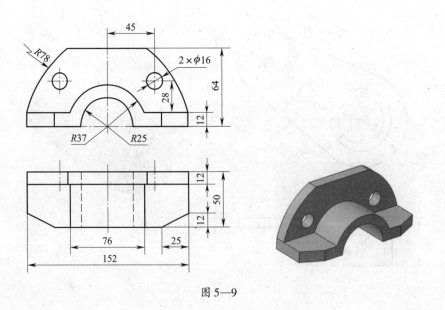

图 5—9

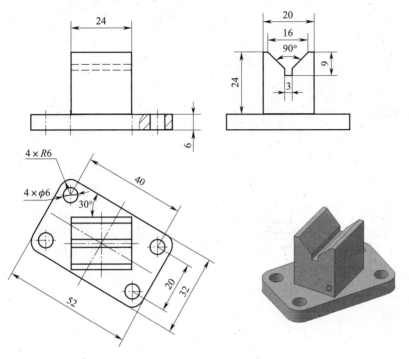

图 5—10

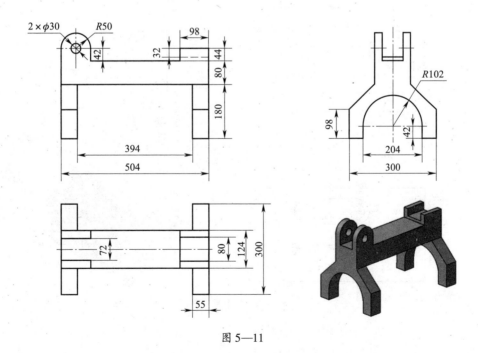

图 5—11

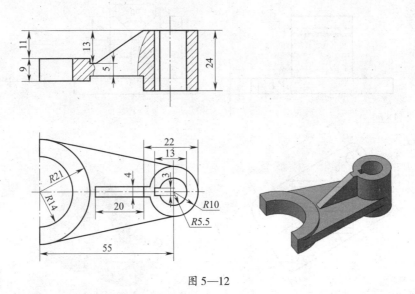

图 5—12

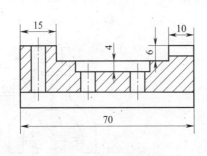

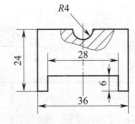

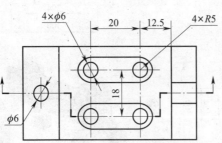

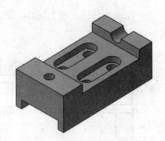

图 5—13

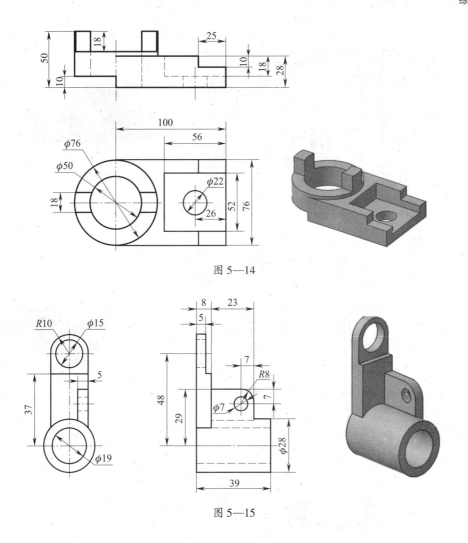

图 5—14

图 5—15

5.2 旋转造型类零件

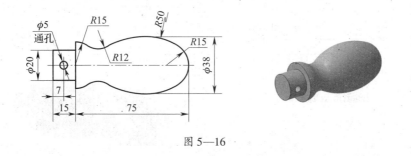

图 5—16

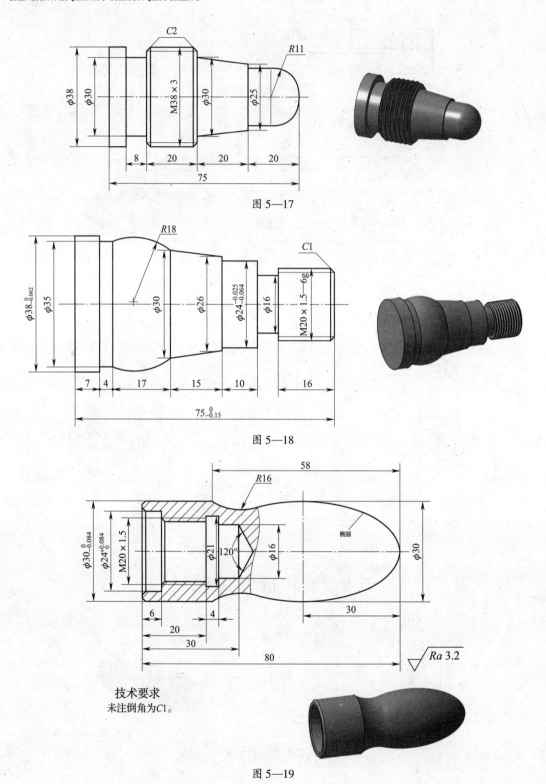

图 5—17

图 5—18

技术要求
未注倒角为C1。

图 5—19

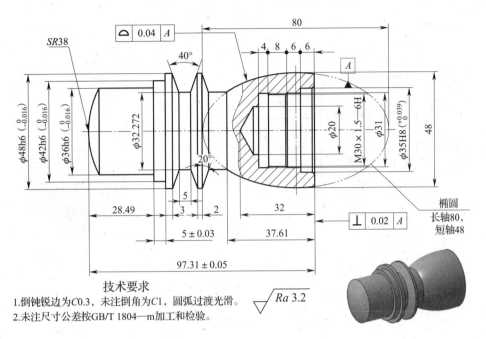

技术要求

1.倒钝锐边为C0.3，未注倒角为C1，圆弧过渡光滑。

2.未注尺寸公差按GB/T 1804—m加工和检验。

$\sqrt{Ra\ 3.2}$

组合零件一

图 5—20

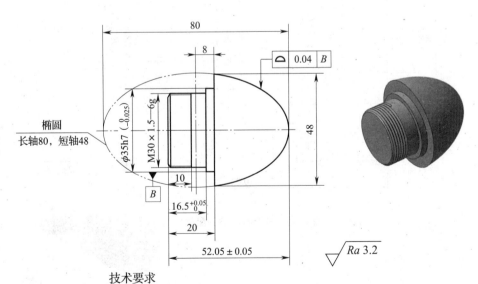

技术要求

1.倒钝锐边为C0.3，未注倒角为C1，圆弧过渡光滑。

2.未注尺寸公差按GB/T 1804—m加工和检验。

$\sqrt{Ra\ 3.2}$

组合零件二（与图5—20的组合零件一配套）

图 5—21

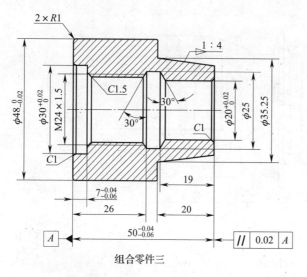

组合零件三

图 5—22

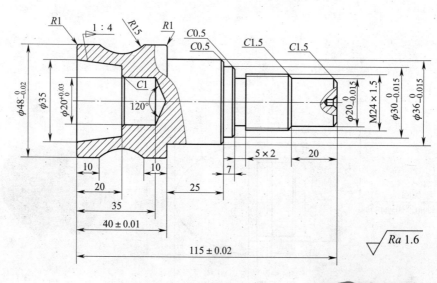

组合零件四（与图5—22组合零件三配套）

图 5—23

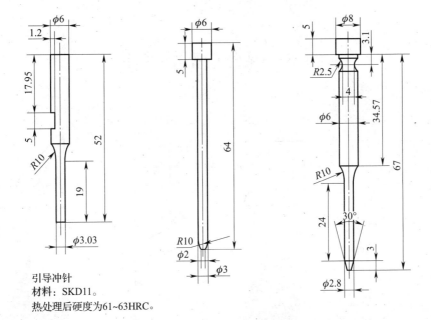

引导冲针
材料：SKD11。
热处理后硬度为61~63HRC。

图 5—24

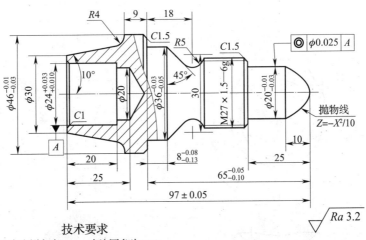

技术要求
1.未注倒角为C0.5，未注圆角为R0.5。
2.未注公差尺寸按IT12加工和检验。

$\sqrt{}$ Ra 3.2

抛物线
$Z=-X^2/10$

图 5—25

5.3 混合造型类零件

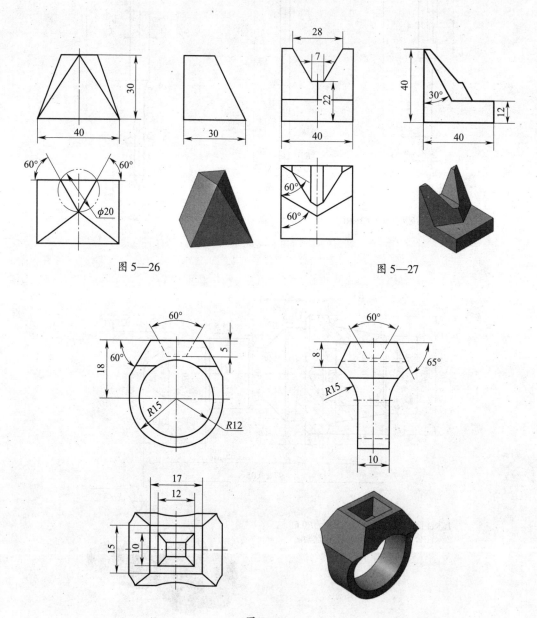

图 5—26

图 5—27

图 5—28

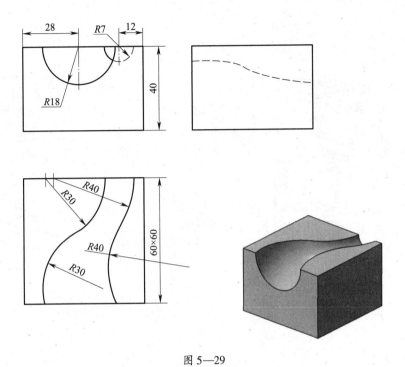

图 5—29

5.4 扫描造型类零件

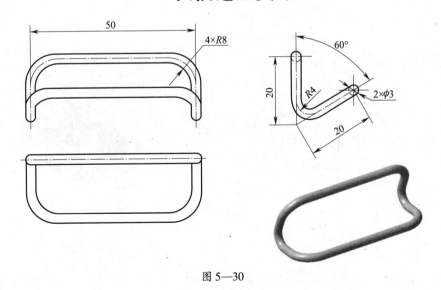

图 5—30

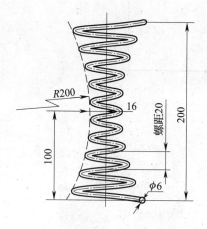

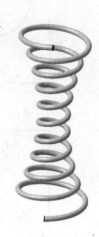

技术要求

1.旋向：右旋。

2.表面处理：发蓝处理。

3.热处理：42~48HRC。

图 5—31

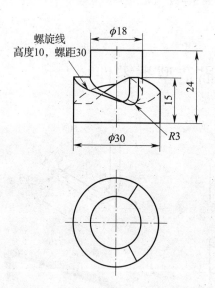

图 5—32

5.5 综合造型类零件

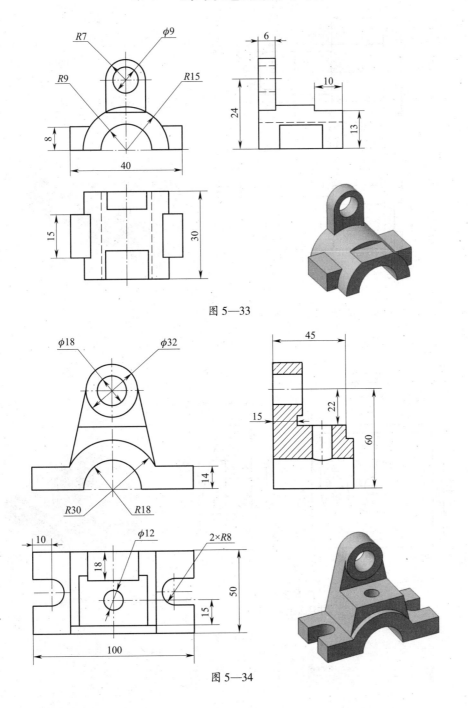

图 5—33

图 5—34

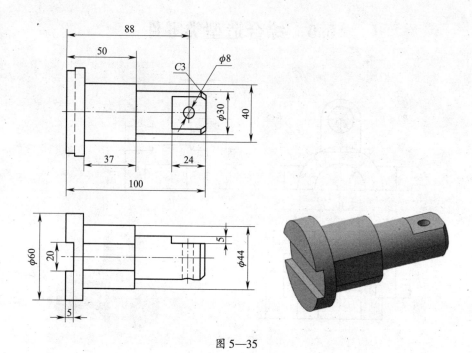

图 5—35

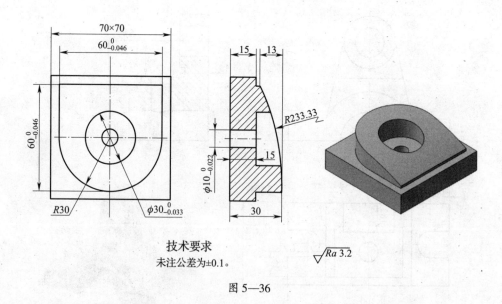

技术要求
未注公差为±0.1。

图 5—36

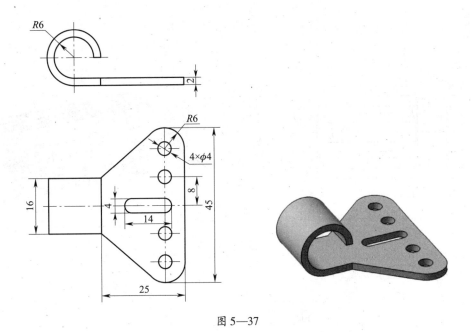

图 5—37

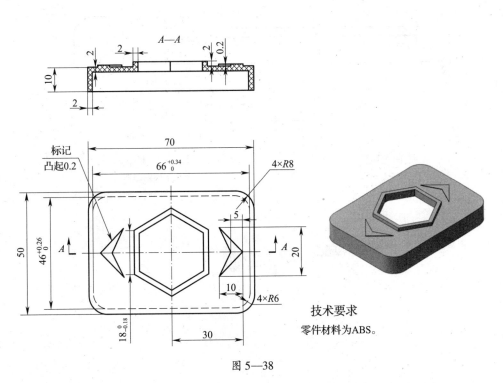

技术要求
零件材料为ABS。

图 5—38

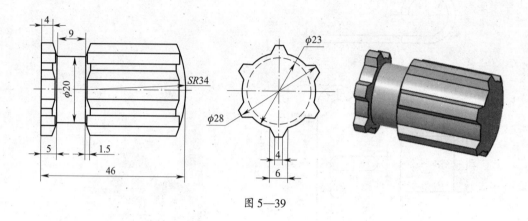

图 5—39

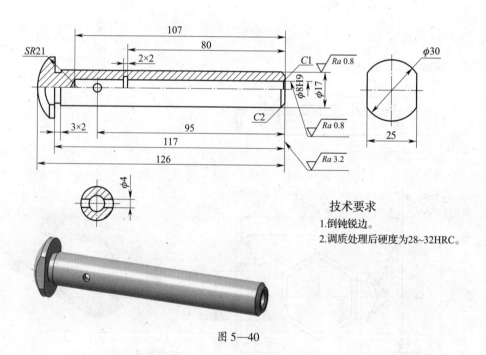

技术要求
1.倒钝锐边。
2.调质处理后硬度为28~32HRC。

图 5—40

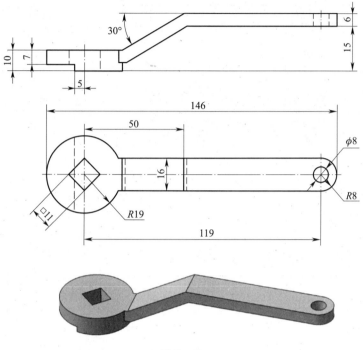

图 5—41

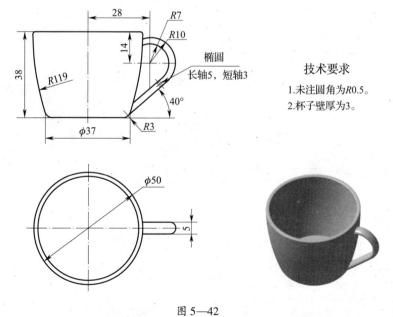

技术要求

1.未注圆角为R0.5。
2.杯子壁厚为3。

图 5—42

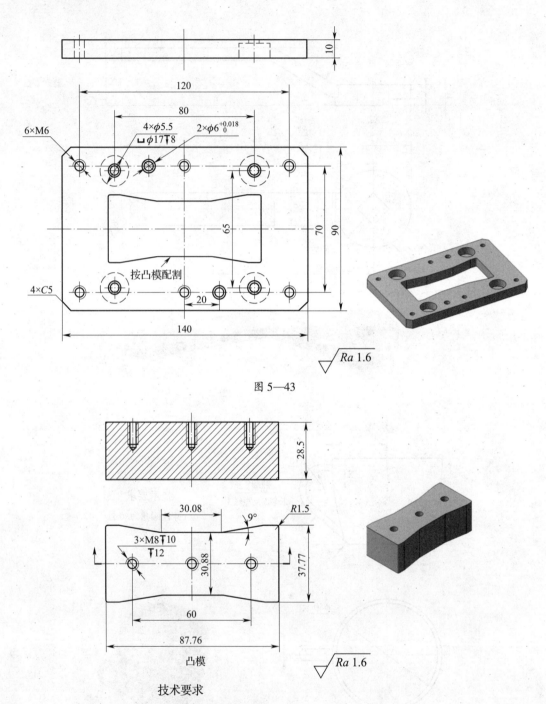

图 5—43

凸模

技术要求

1. 凸模材料为Cr12，凸模固定板材料为45钢。
2. 凸模淬火后硬度为58~62HRC。
3. 凸模为线切割加工，按凸模配冲裁间隙割取，凹模与凸模单边间隙为0.065。

图 5—44

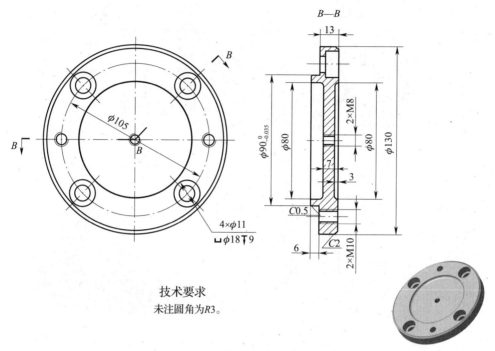

技术要求

未注圆角为R3。

图 5—45

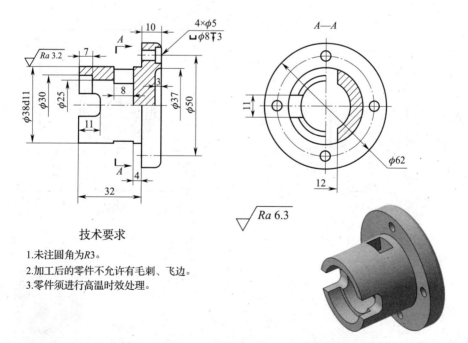

技术要求

1.未注圆角为R3。
2.加工后的零件不允许有毛刺、飞边。
3.零件须进行高温时效处理。

图 5—46

157

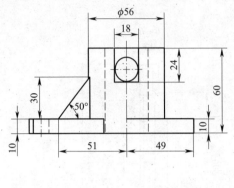

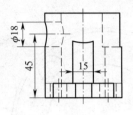

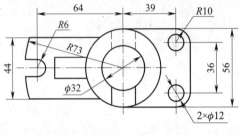

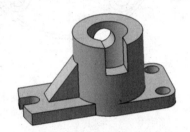

图 5—47

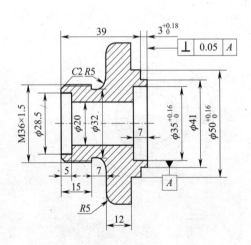

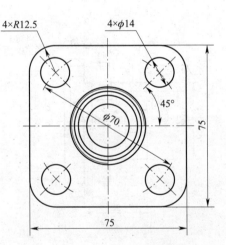

图 5—48

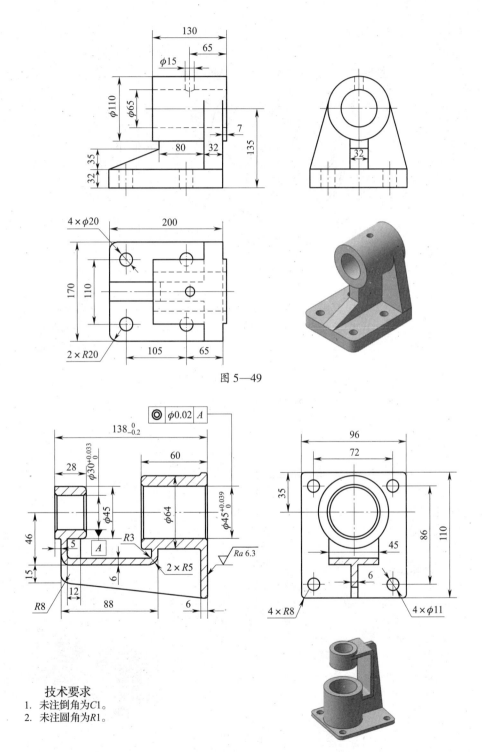

图 5—49

技术要求
1. 未注倒角为C1。
2. 未注圆角为R1。

图 5—50

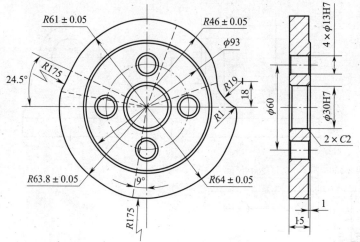

技术要求
1. 未注倒角为C1。
2. 倒钝锐边。

图 5—51

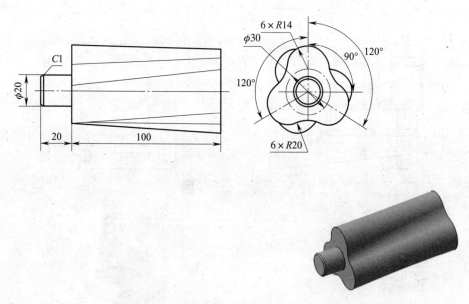

图 5—52

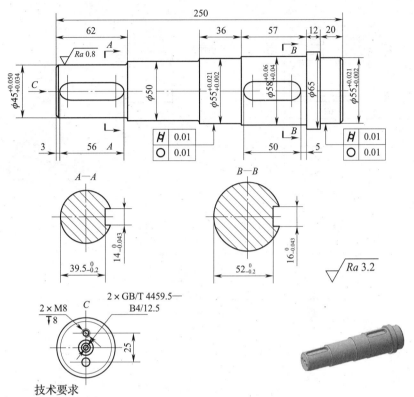

技术要求
1. 调质处理后硬度为180~220HBW。
2. 未注圆角为R1.5。
3. 未注倒角为C2。

图 5—53

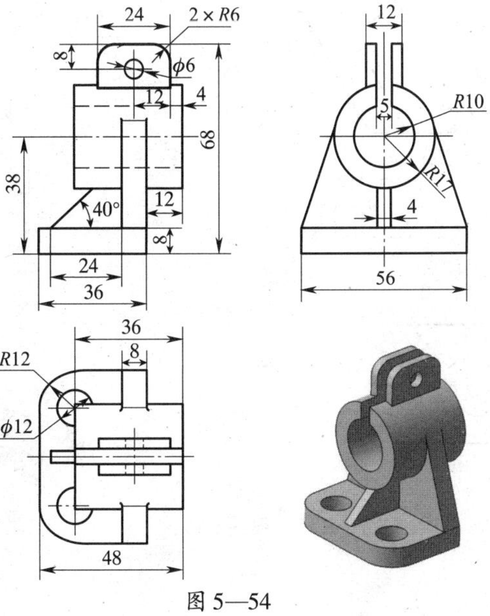

图 5—54

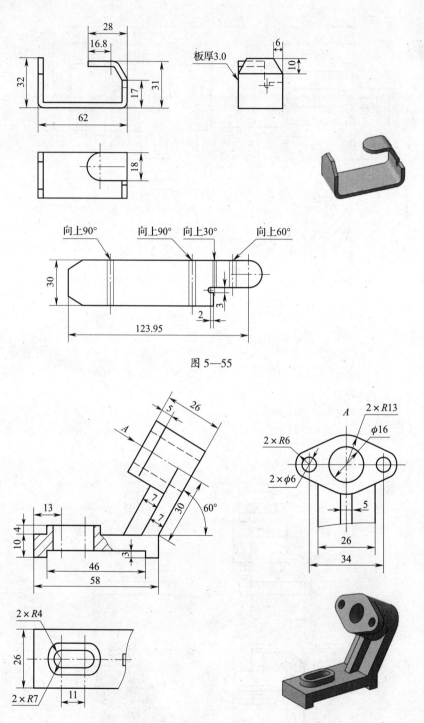

图 5—55

图 5—56

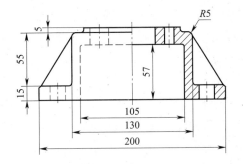

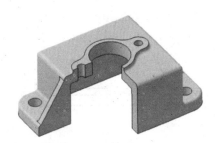

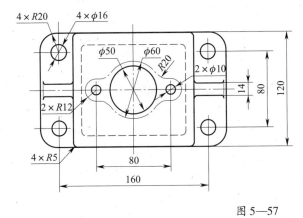

图 5—57

技术要求

未注圆角为R3。

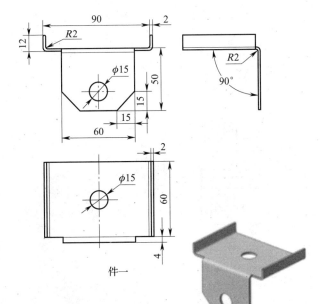

件一

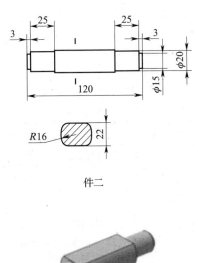

件二

图 5—58

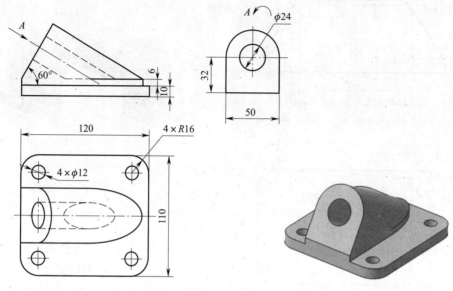

图 5—59

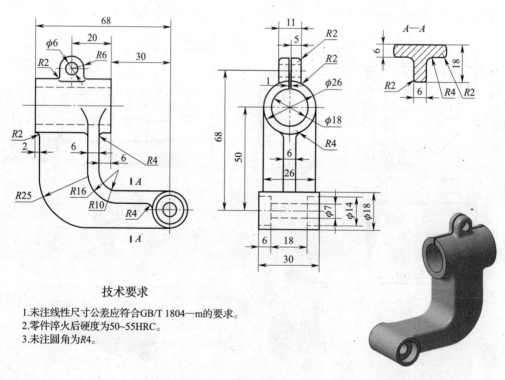

技术要求

1.未注线性尺寸公差应符合GB/T 1804—m的要求。
2.零件淬火后硬度为50~55HRC。
3.未注圆角为R4。

图 5—60

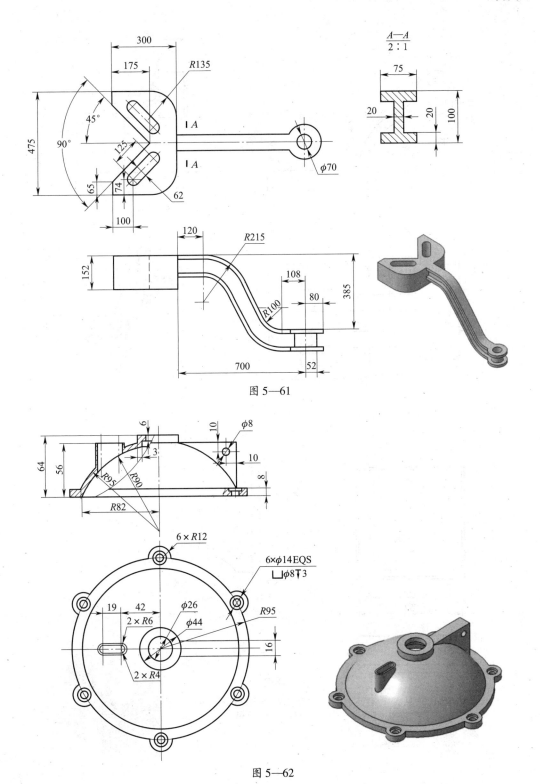

图 5—61

图 5—62

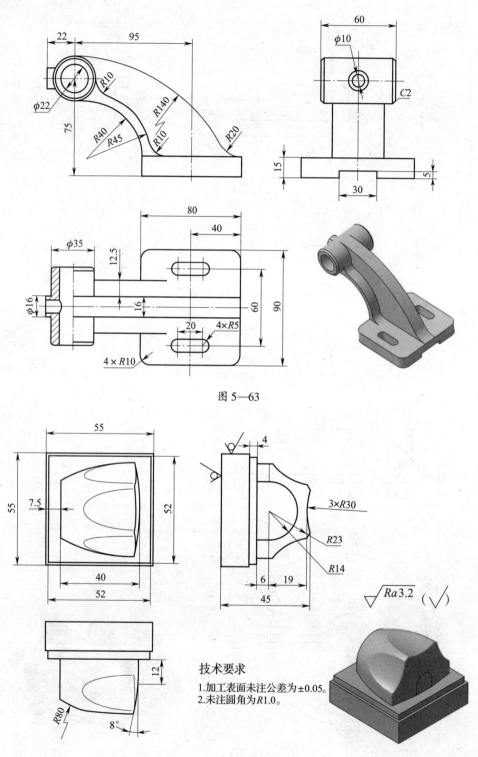

图 5—63

技术要求

1.加工表面未注公差为±0.05。
2.未注圆角为R1.0。

图 5—64

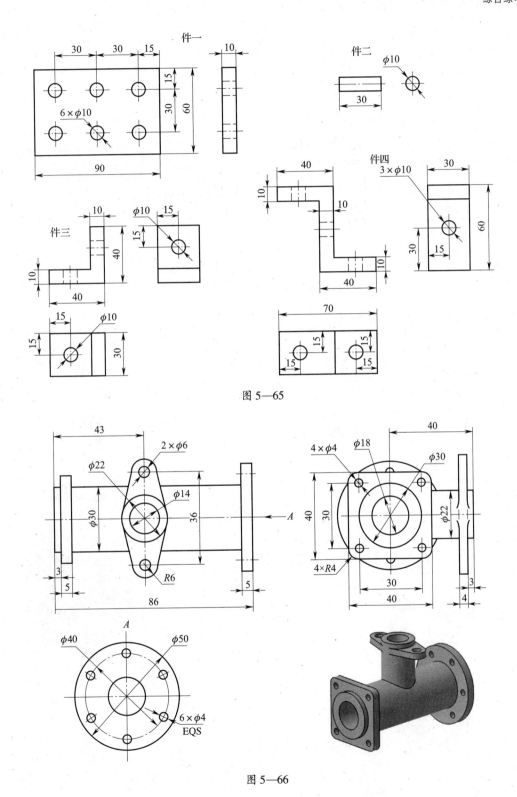

图 5—65

图 5—66

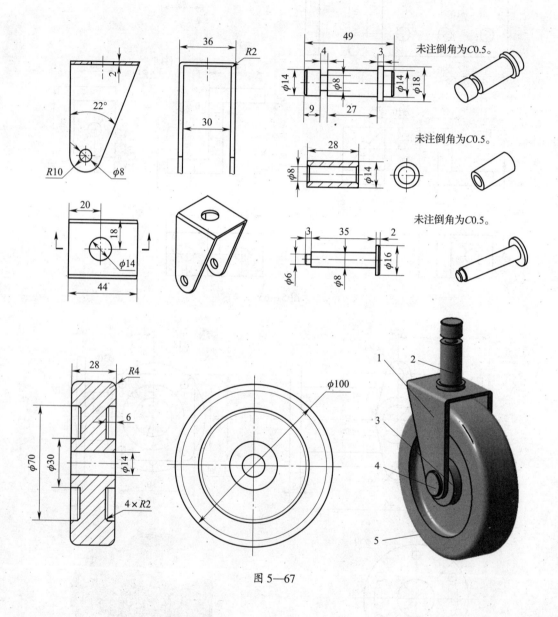

未注倒角为C0.5。

未注倒角为C0.5。

未注倒角为C0.5。

图 5—67

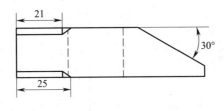

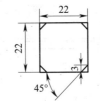

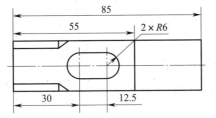

技术要求

1. 零件加工表面上不应有划痕、擦伤等损伤零件表面的缺陷。
2. 未注长度尺寸公差为 ± 0.5。

图 5—68

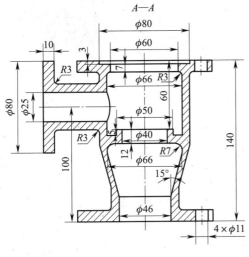

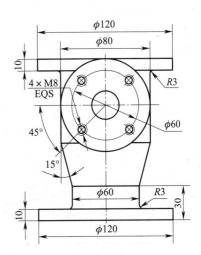

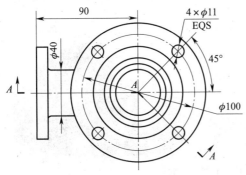

图 5—69

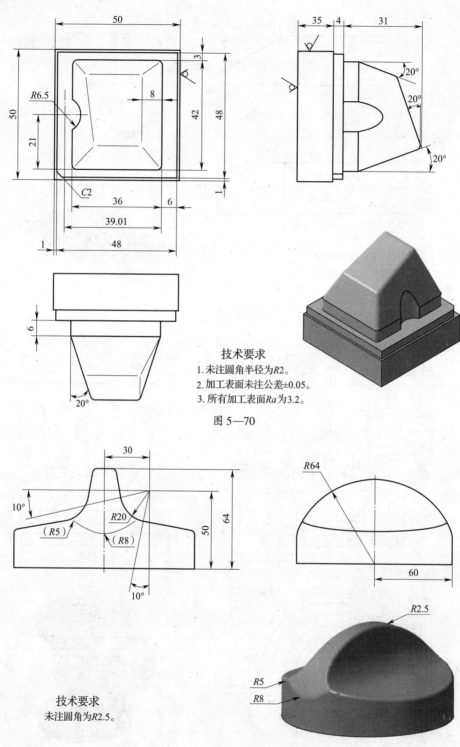

技术要求
1.未注圆角半径为R2。
2.加工表面未注公差±0.05。
3.所有加工表面Ra为3.2。

图 5—70

技术要求
未注圆角为R2.5。

图 5—71

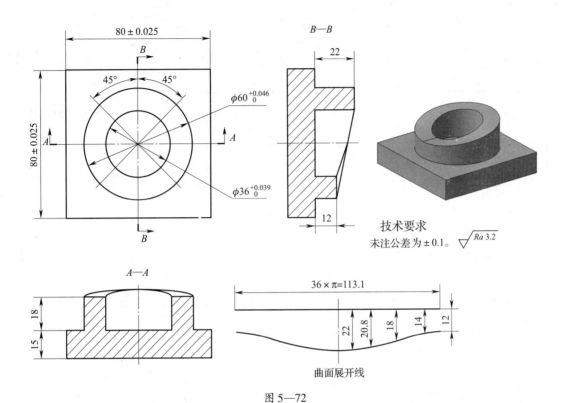

80 ± 0.025
B—B
B
22
45°
45°
$\phi60^{+0.046}_{0}$
80 ± 0.025
A
A
$\phi36^{+0.039}_{0}$
12
B
A—A
$36\times\pi$=113.1
18
15
22
20.8
18
14
12
曲面展开线

技术要求

未注公差为±0.1。 $\sqrt{Ra\ 3.2}$

图 5—72

35
35
$\phi28^{+0.033}_{0}$
$\phi48\pm0.1$
2.5
$\phi16^{+0.027}_{0}$
Ra 1.6
$8^{+0.2}_{+0.1}$
C1
C1
展开基准
$6^{+0.06}_{0}$
轨迹剖视面
75.398
70
44.7°
32.31°
R20
35
展开线长48×π=150.796
曲面展开线

$\sqrt{Ra\ 3.2}$ ($\sqrt{}$)

技术要求

1.倒钝锐边。
2.螺旋槽侧面平整，无凹陷和凸棱。
3.角度允差为±5′。
4.零件材料为Cr12。

图 5—73

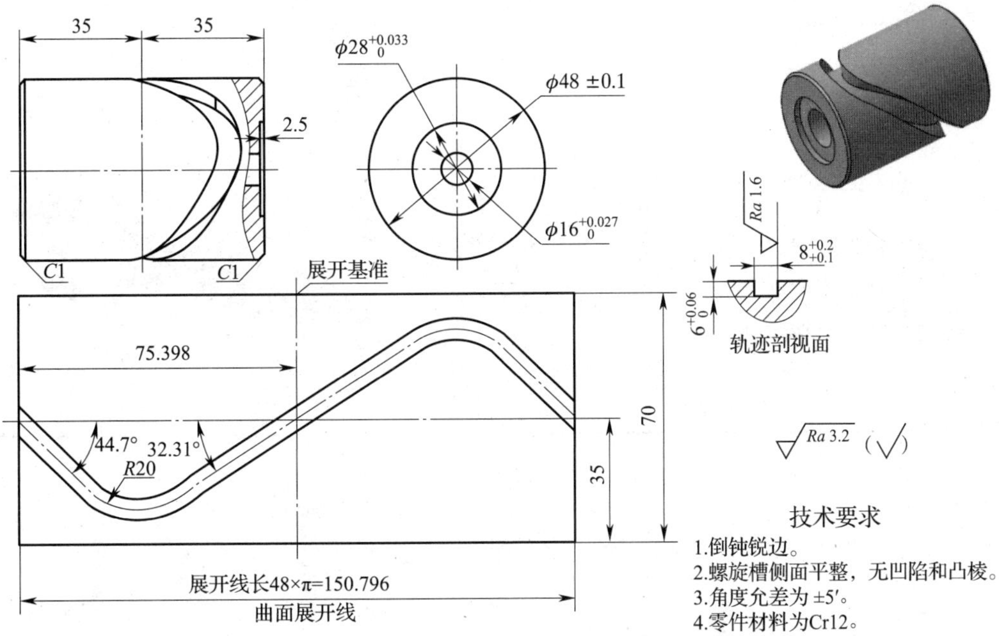

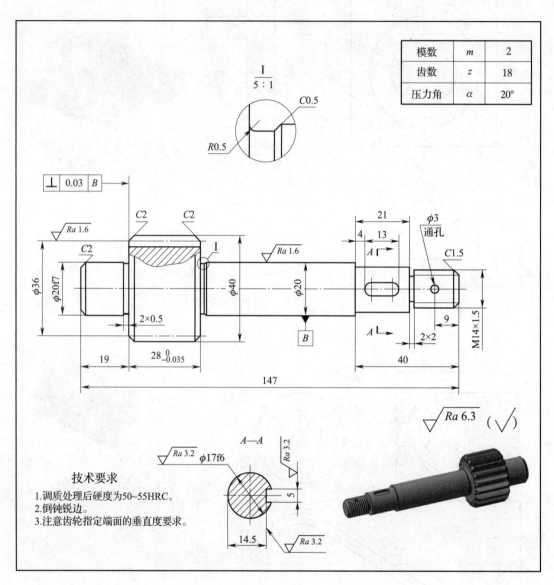

模数	m	2
齿数	z	18
压力角	α	20°

技术要求
1.调质处理后硬度为50~55HRC。
2.倒钝锐边。
3.注意齿轮指定端面的垂直度要求。

图 5—74

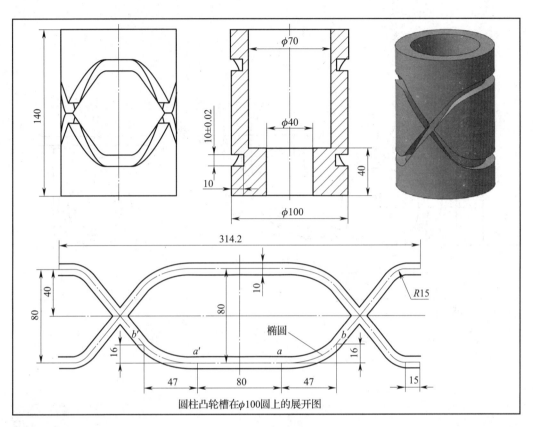

圆柱凸轮槽在φ100圆上的展开图

图 5—75

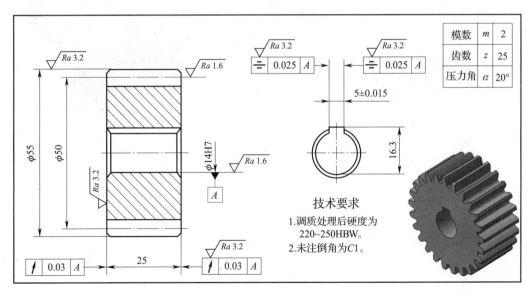

模数	m	2
齿数	z	25
压力角	α	20°

技术要求

1. 调质处理后硬度为 220~250HBW。
2. 未注倒角为C1。

图 5—76

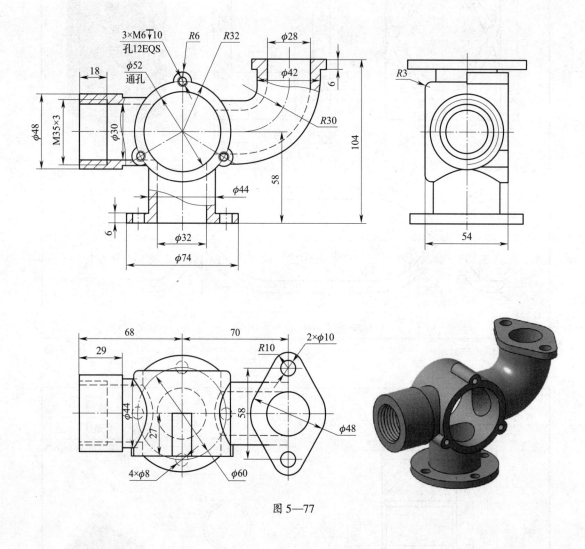

图 5—77

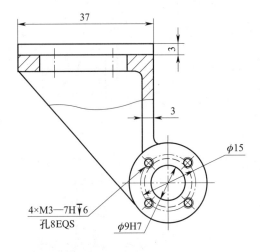

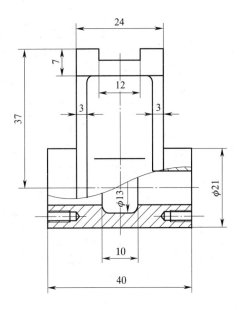

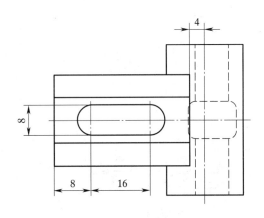

技术要求

1.铸件不得有砂眼、裂纹等缺陷。
2.铸造后应去毛刺。
3.未注圆角为R2。

图 5—78

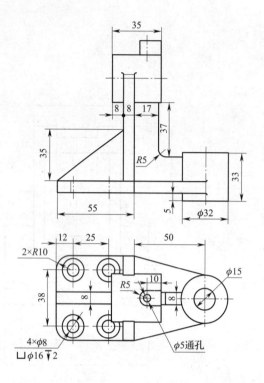

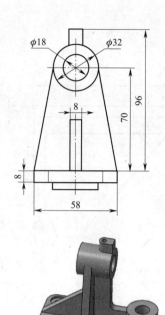

图 5—79

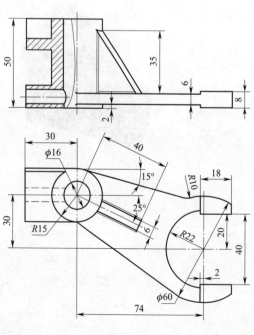

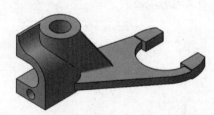

技术要求
未注圆角为R1。

图 5—80

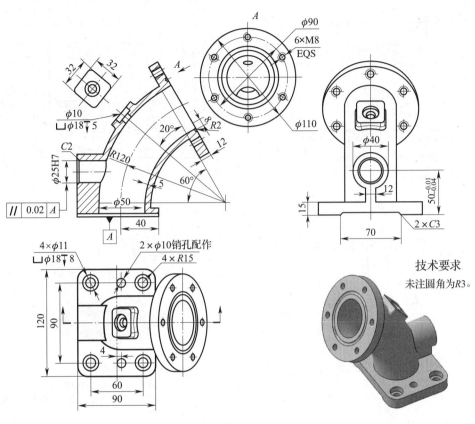

图 5—81

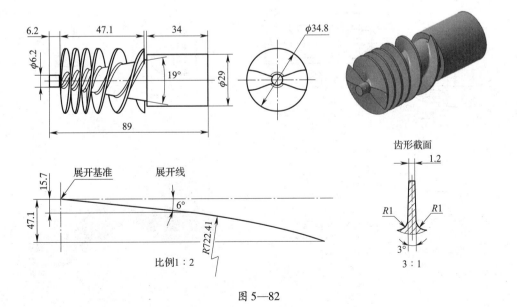

图 5—82

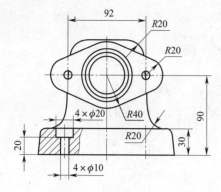

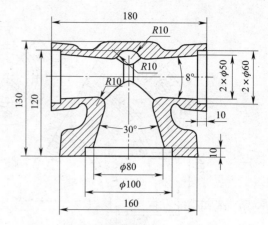

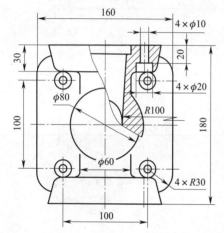

技术要求

1. 未注圆角为R5.0，未注拔模角度为5°。

2. 不允许存在有损于使用的冷隔、裂纹、孔洞等铸造缺陷。

图 5—83

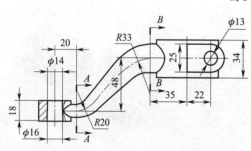

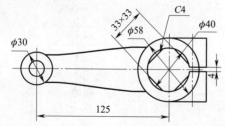

图 5—84

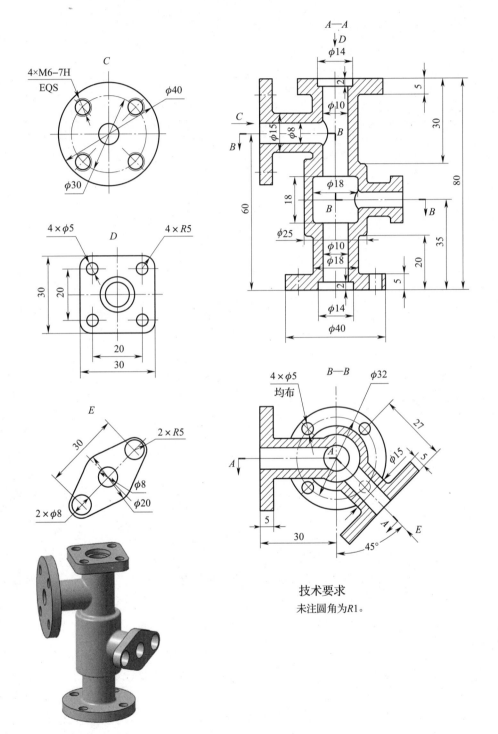

技术要求

未注圆角为 R1。

图 5—85

第 6 章

装配设计

要点：

- 掌握 CATIA 的装配设计命令
- 掌握自上而下和自下而上的零件设计方法

6.1 概　　述

　　一个产品通常由多个零件组成，因产品的复杂程度而异，其组成的零件数量和装配关系都不尽相同。产品的装配是指将零件按照其实际装配中的机械约束关系，定义特定的装配约束关系，从而将单个的零件组合起来，最终构建完整的产品，表达真实产品的形态。通过装配设计可以在设计过程中协调各零件之间的关系，发现并修正零件设计的缺陷，并为后续的运动仿真、分析、企业资源规划等工作提供数据。装配设计是数字样机（DMU）的基础。

　　装配设计（Assembly Design）模块可以方便地定义各零件之间的约束关系，并检查装配件之间的一致性。它可以帮助设计师自上而下（Top Down）或自下而上（Bottom Up）地定义、管理多层次的大型装配结构，使零件的设计在单独环境和装配环境中都成为可能。

　　装配设计一般有自下而上装配和自上而下装配两种基本方式。如果首先设计好全部零件，然后将零件作为部件添加到装配体中，则称为自下而上装配；如果首先设计好装配体模型，然后在装配体中组建模型，最后生成零件模型，则称为自上而下装配。

　　CAITA V5 支持自下而上和自上而下两种装配方式，并且这两种方式可以混合使用。本章主要介绍自下而上的装配方式。

　　CATIA 启动后，默认进入的就是装配设计模块。也可单击菜单栏"开始"→"机械设计"→"装配设计"。进入装配设计模块后屏幕界面如图 6—1 所示（图中"1"为装配模块的图标）。

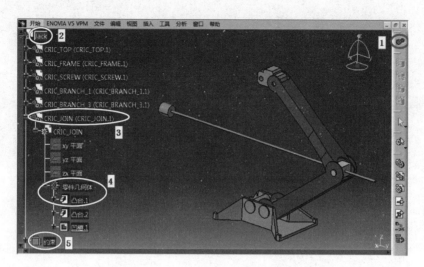

图6—1　进入装配设计模块界面

相关术语和概念如下：

产品：装配设计的最终结果（见图6—1中"2"）。它是由部件之间的约束关系及部件组成的。

部件：可以是一个零件，也可以是多个零件的装配结果，是组成产品的主要单位（见图6—1中"3"）。

零件：组成部件与产品最基本的单位（见图6—1中"4"）。

约束：在装配过程中，约束是指部件之间相对的限制条件，可用于确定部件的位置（见图6—1中"5"）。

6.2　装配设计命令简介

进入装配设计模块后，常用的快捷图标命令如图6—2～图6—4所示。

图6—2　"产品结构工具"工具栏

"产品结构工具"命令（见图6—2）说明如下：

A："部件"命令。功能：插入一个新的部件。该部件没有自己单独的磁盘文件，它的数据会保存在上层装配（父装配）中。

B："产品"命令。功能：插入一个新的产品。在当前的装配中插入一个新的子装配，以后在这个子装配中还可以继续添加部件。

C："零件"命令。功能：插入一个新的零件。新的零件作为装配的部件，插入后再按照装配的关系设计这个零件。

D："现有部件"命令。功能：插入装配所需要用的零件。这个零件必须是已经建立并保存在磁盘上的文件。

E："具有定位的现有部件"命令。功能：插入系统具有定位的零部件。与现有部件命令大致相同，但该命令可根据智能移动窗口将部件插入指定位置。

F："替换部件"命令。功能：将现有的部件以新的部件代替。

G："图形树重新排序"命令。功能：将零件在特征树中重新排序。

H："生成编号"命令。功能：将零部件逐一按序号排列。

I："选择性加载"命令。功能：单击将打开"产品加载管理"对话框。

J："管理展示"命令。功能：单击该命令后，选择装配特征树的"Product"，将弹出"管理展示"对话框。

K1："快速多实例化"命令。功能：根据定义多实例化输入的参数快速定义零部件。

K2："定义多实例化"命令。功能：根据输入的数量及规定的方向创建多个相同的零部件。

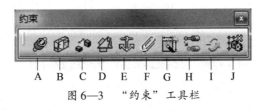

图6—3　"约束"工具栏

"约束"命令（见图6—3）说明如下：

A："相合约束"命令。功能：在轴系间创建相合约束，轴与轴之间必须有相同的方向与方位。

B："接触约束"命令。功能：在两个共面间的共同区域创建接触约束，共同的区域可以是平面、直线和点。

C："偏移约束"命令。功能：在两个平面间创建偏移约束，输入的偏移值可以为负值。

D："角度约束"命令。功能：在两个平行平面间创建角度约束。

E："修复部件"命令。功能：部件固定的位置方式有绝对位置和相对位置两种，目的是在更新操作时避免此部件从父级中移开。

F："固联"命令。功能：将选定的部件连接在一起。

G："快速约束"命令。功能：用于快速自动建立约束关系。

H："柔性/刚性子装配"命令。功能：用于柔性体特征的装配。

I："更改约束"命令。功能：用于更改已经定义的约束类型。

J："重复使用阵列"命令。功能：按照零件上已有的阵列样式来生成其他零件的阵列。

"移动"工具栏中的命令（见图 6—4）说明如下：

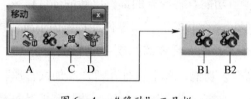

图 6—4　"移动"工具栏

A："操作"命令。功能：将零部件向指定的方向进行移动或旋转。

B1："捕捉"命令。功能：以单捕捉的形式移动零部件。

B2："智能移动"命令。功能：以单捕捉和双捕捉结合在一起移动零部件。

C："分解"命令。功能：不考虑所有的装配约束，将部件分解。

D："碰撞时停止操作"。功能：检测部件移动时是否存在冲突，如有将停止动作。

6.3　装配设计实例操作

下面以一个简单的装配模型（见图 6—5）为例来说明装配的操作过程。

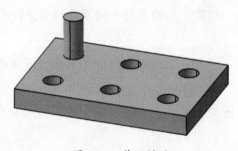

图 6—5　装配模型

6.3.1　新建装配文件

通过新建装配文件的方式建立装配模型的步骤如下：

Step1. 单击下拉菜单"文件"→"新建"命令，系统弹出"新建"对话框。

Step2. 选择文件类型。在"新建"对话框的"类型列表"选项组中选择"Product"选项，单击"确定"。

说明：新建的装配文件默认名为 Product1。用鼠标右键单击 Product1，在属性菜单里可以修改该名字。

6.3.2　装配第1个零件

1. 引入第1个零件

Step1. 单击特征树中的"Product1"，使 Product1 处于激活状态。

Step2. 选择命令。单击下拉菜单"插入"→"现有零件"命令或单击图6—2所示的"产品结构工具"工具栏中的 D 按钮，系统将弹出"选择文件"对话框。

Step3. 选取要添加的模型。在"选择文件"对话框中选择文件路径，选取轴零件模型文件6—5—1. CATPart，单击"确定"，选取零件出现在绘图区中。

说明：第1个零件的设计坐标系将默认成为整个装配模型的设计坐标系，因此第1个零件的引入要谨慎。通常选择固定不动的零件，如底座等。

2. 完全约束第1个零件

单击下拉菜单→"插入"→"固定"，在系统"选择要固定的部件"的提示下，选取特征树中的零件模型，此时模型上会显示出"固定"约束符号，说明第1个零件已经完全被固定在当前位置，如图6—6所示。图中"1"有个船锚符号，就是固定约束。左侧的结构树中出现一个约束选项（图中"2"），以后所有的装配约束都放在约束选项下。

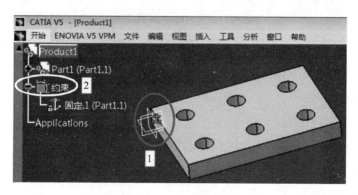

图6—6　引入和固定第1个零件

6.3.3 装配第2个零件和其他零件

1. 引入第2个零件

第2个零件和其他剩余零件的引入没有顺序的要求，引入装配模型的方法与第1个零件相同。需要注意的是在单个零件的设计时，系统默认的零件编号是Part1，用户后续如果没有更改，则第2个零件引入后，可能会出现两个零件由于零件编号相同而弹出零件编号冲突的提示对话框。如图6—7中"1"所示。此时可直接单击"自动重命名"（图中"2"），系统自动将第2个零件的零件编号改为Part1.1。

如图6—8所示，如果Part1.1的零件编号不适合后续的装配设计，可以在结构树中用鼠标右键单击该零件（图中"3"），在弹出的右键菜单中的属性里修改这个名字。

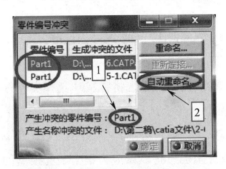

图6—7　零件编号冲突的提示对话框

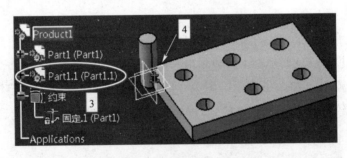

图6—8　引入第2个零件

第2个零件引入后，可能与第1个部件重合，或者其方向和方位不便于进行装配设计，如图6—8中"4"所示，就出现了重合的情况。

2. 移动第2个零件

两个零件重合的情况是由于单个零件设计时，并没有考虑到其他的零件存在，在自下而上的装配设计中，经常出现零件重合在一起，大零件包裹小零件，导致后续无法操作的情况，具体解决方法如下：

（1）Step1. 单击下拉菜单"编辑"→"移动"→"操作"命令（或在图6—4的"移动"工具栏中单击 A 按钮）。系统弹出图6—9所示的"操作参数"对话框。

"移动"命令可以使部件沿各方向移动或绕某个轴转动，从而将部件放置到期望的目标位置。图6—9所示的"操作参数"对话框中各按钮的说明见表6—1。

（2）Step2. 调整轴套模型的位置

1）在"操作参数"对话框中单击 按钮，在窗口中单击并拖动鼠标，可以看到圆柱销随着鼠标指针的移动而沿着 Z 轴从初始位置平移到指定位置。

图6—9 "操作参数"对话框

表6—1 "操作参数"对话框中各按钮的说明

按钮	说明	按钮	说明
	沿 X 轴方向平移		沿 Y 轴方向平移
	沿 Z 轴方向平移		沿指定的方向平移，可以是直线、边线等
	沿 xy 平面平移		沿 yz 平面平移
	沿 xz 平面平移		沿指定平面平移
	绕 X 轴旋转		绕 Y 轴旋转
	绕 Z 轴旋转		绕指定的轴旋转

2）在"操作参数"对话框中单击 按钮，在窗口中单击并拖动鼠标，可以看到圆柱销随着鼠标的移动而绕 X 轴旋转。

使用移动操作，可以很方便地将零件分开，但期望将零件精确移到某个位置，则需要使用图6—3中的"约束"命令来完成。

3. 完全约束第二个零件

将圆柱销插入底板的第1孔中，首先需要添加相合约束。

（1）Step1. 定义第一个装配约束（相合约束）

1）选择命令。选择下拉菜单"插入"→"相合"命令或单击图6—10所示的"约束"工具栏中图中"1"按钮，系统将弹出选择文件"助手"对话框（图中"2"）。

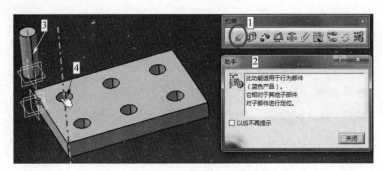

图6—10   相合约束操作

2）定义相合面。分别选取两个零件的圆柱面图6—10中"3"和图6—10中"4"（如果是圆柱面，系统自动识别出轴线），此时会出现一条连接两个零件轴线的直线，并出现相合符号。

3）更新操作。由于CATIA默认设置为不进行自动更新操作。要想看到设计结果，需要进行更新操作，如图6—11所示，展开左边结构树中的约束选项，新增加了一个相合约束（图中"1"），用鼠标右键单击相合约束，在弹出的右键菜单中选择"更新"命令，圆柱销将自动移到与底板同轴的位置（图中"2"），第一个相合约束完成。

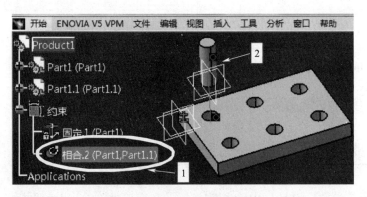

图6—11   相合约束的操作结果

说明：

• 选择"相合"命令后，将鼠标移到部件的圆柱面后，系统将自动出现一条轴线，此时只需单击即可选中轴线。

• 当选中第二条轴线后，系统将迅速出现一条连接两个零件轴线的直线。两个圆圈符号为约束符号。

• 设置完一个约束后，CATIA系统默认不会进行自动更新，可以做完一个约束后就更新，也可以使部件完全约束后再进行更新操作。

图6—11所示的相合约束只能让圆柱销和底板同轴，但Z轴方向的上下位置并没有约

束住。

（2）Step2. 定义第二个装配约束（偏移约束）

1）选择命令。选择下拉菜单"插入"→"偏移"命令或单击图6—12所示的约束工具栏中图中"1"按钮，系统将弹出选择文件"助手"对话框（图中"2"）。

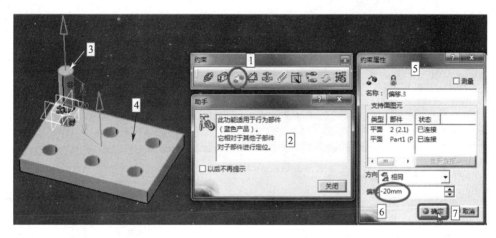

图6—12　偏移约束操作

2）定义接触面。选取图6—12中"3"和"4"所示的两个接触面，此时会弹出"约束属性"对话框（见图6—12中"5"），在偏移距离处输入"－20 mm"（见图6—12中"6"），完成后单击"确定"。如果先选择底板上表面（见图6—12中"4"），再选择圆柱销的上表面（见图6—12中"3"），则偏移距离应输入"20 mm"。

3）更新操作。如图6—13所示，展开左边结构树中的约束，增加了一个偏移约束（图中"1"），用鼠标右键单击偏移约束，在弹出的右键菜单中选择"更新"命令，圆柱销自动下移，圆柱销上表面将与底板上表面保持距离20 mm的位置（图中"2"），偏移约束完成。

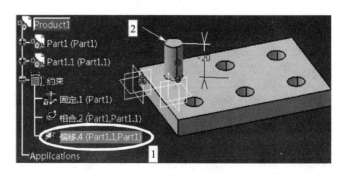

图6—13　偏移约束的操作结果

做完这两个约束后，圆柱销与底板的位置被完全约束住。完全约束的模型，即使用"移动"命令将两个零件都分开移动到不同的位置，也可以通过更新约束的操作，让零件回到现在的位置。

6.3.4　保存装配模型

装配文件的第一次保存必须采用保存管理的方式来保存文件。

选择下拉菜单"文件"→"保存管理"命令，系统弹出"保存管理"对话框，如图6—14所示。

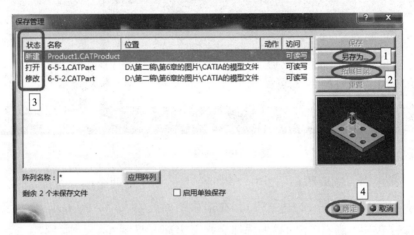

图6—14　"保存管理"对话框

CATIA系统将装配涉及的模型文件信息、装配约束等内容都存放在扩展名为CATProduct的文件中。如果是第一次保存，单击图6—14中"1"的"另存为"，系统将弹出"文件路径选择"对话框，选择装配文件的存放目录后，再单击图6—14中"2"的"扩展目录"，系统自动将装配涉及的模型文件全部复制到保存CATProduct的文件目录中，这样装配体就不会缺失文件了，后续需要传递装配模型给其他用户时，只需复制该目录下的所有文件即可。图6—14中"3"是显示文件内容，即显示装配过程中哪些文件发生了修改，修改过的文件应及时保存。最后，单击图6—14中"4"的"确定"，所有文件都将被保存在装配文件的存放目录中。

后续再次保存文件时，如果没有增加新的装配零件，也可以直接选择下拉菜单"文件"→"全部保存"命令，实现装配模型文件的快速保存。

6.3.5　关于装配约束的一些使用说明

通过定义装配约束，可以指定零件相对于装配体（部件）中其他部件的放置方式和位置。在 CATIA 中，一个零件通过装配约束添加到装配体后，它的位置会随与其有约束关系的部件改变而相应改变，而且约束设置值作为参数可随时修改，并可与其他参数建立关系方程，这样整个装配体实际上是一个参数化的装配体。

装配约束的类型包括相合、接触、角度、偏移、固定和固联等。

1."相合"约束

"相合"约束可以使两个装配部件中的两个平面重合，并且可以调整平面方向，也可以使两条轴线同轴或者两个点重合。使用"相合"约束时，两个参照不必为同一类型，直线与平面、点与直线等都可使用"相合"约束。

2."接触"约束

"接触"约束可以对选定的两个面进行约束，可分为以下三种约束情况：

* 点接触：使球面与平面处于相切状态，如图 6—15 中"1"所示。
* 线接触：使圆柱面与平面处于相切状态，如图 6—15 中"2"所示。
* 面接触：使两个面重合。与相合约束结果相同。

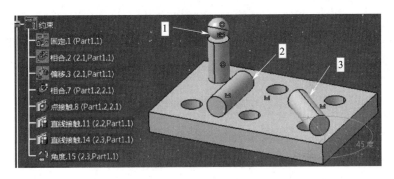

图 6—15　"接触"约束的使用

3."角度"约束

用"角度"约束可使两个零件上的线或面建立一个角度，从而限制部件的相对位置关系。如图 6—15 中"3"所示，圆柱销的轴线与底板侧边相交成 45°。

4."偏移"约束

用"偏移"约束可以使两个部件上的点、线或面建立一定距离，从而限制部件的相对位置关系。距离值的正负号与两个部件的选择顺序相关。

5."固定"约束

"固定"约束是将部件固定在图形窗口的当前位置。当向装配环境中引入第一个部件时，常对该部件实施这种约束。

6."固联"约束

"固联"约束可以把装配体中的两个或多个元件按照当前位置固定成为一个群体，移动其中一个部件，其他部件也将被移动。

　　一般来说，建立一个装配约束时，应选取零件参照和部件参照。零件参照和部件参照是零件与装配体中用于约束定位和定向的点、线、面。例如，通过"相合"约束将一根轴放入装配体的一个孔中，轴的中心线就是零件参照，而孔的中心线就是部件参照。

　　一次只能添加一个约束。例如，不能用一个"相合"约束将一个零件上两个不同的孔与装配体中另一个零件上的两个不同的孔对齐，必须定义两个不同的"相合"约束。要对一个零件在装配体中完整地指定位置和定向（即完整约束），往往需要定义多个装配约束。

6.4　常用的装配操作

6.4.1　插入一个新零件，实现自上而下的设计

　　自上而下的设计模式是在装配模式下，在装配体中插入一个新零件，新零件作为装配的部件。自上而下的设计模式的优势是插入的新零件可以按照装配的关系来设计这个零件，也就是说可以看着其他零件的位置和尺寸来设计新零件。这样设计出来的零件更加符合产品的要求。

　　具体操作步骤如下：如图6—16所示，在左边的结构树中单击Product1（图中"1"），再单击下拉菜单"插入"→"新建零件"命令或单击图6—2所示的"产品结构工具"工具栏中的C按钮。系统会提示是否将装配体的原点作为新建零件的原点，单击"是"，左边的结构树中会增加一个新零件（见图6—16中"4"）。

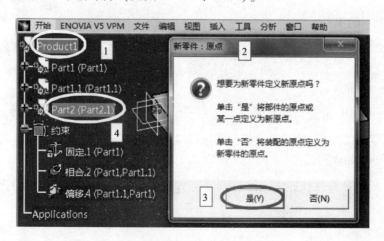

图6—16　插入一个新零件

如图 6—17 所示，在左边的结构树中单击新建零件前方的"＋"（图中"1"），展开该项分支，再单击 Part2 前方的"＋"（图中"2"），将看到零件几何体（图中"3"），双击"零件几何体"，系统自动从装配设计模块切换到零件设计模块（图中"4"）。新零件的设计过程可参考前面的章节，这里不再赘述。完成新零件的设计后，在结构树中双击 Product1（装配体），系统会重新回到装配设计模块，继续进行后续的装配工作。

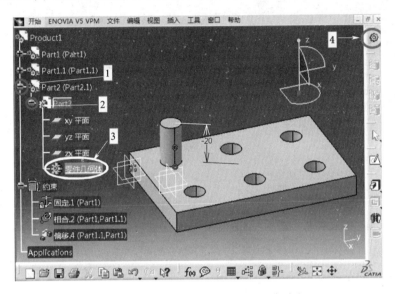

图 6—17　从装配模块进入零件设计模块

6.4.2　部件（或零件）的复制

如果一个装配体中需要包含多个相同的部件（或零件），在这种情况下，只需将其中一个部件（或零件）添加到装配体中，其余的采用复制操作即可。

具体操作步骤如下：在左边的结构树中，用鼠标右键单击要复制的零件，在弹出的右键菜单中选择"复制"命令后，再用鼠标右键单击 Product1（装配体），在弹出的右键菜单中选择"粘贴"命令，左边的结构树中将新增加一个复制后的零件，但这个新复制零件与原有零件位置是重合的，必须对其进行移动后再约束。

6.4.3　创建产品的装配示意图（分解图）

产品装配完成后，如果期望得到整个产品的装配示意图，可以利用"分解"命令将部件分解，"分解"命令的功能是将产品中的各部件炸开，产生装配体的爆炸图。

具体操作步骤如下：单击图 6—18 中的"分解"命令（图中"1"），在弹出的"分解"对话框中，在"选择集"后面的文本框中输入要分解的产品（图中"2"），可在"深度"下拉列表中选择爆炸的层次是所有层（全部爆炸）还是第一层。在"类型"下拉列表中可以选择3D、2D 和被约束（按照约束状态移动）类型。最后单击"应用"即可。装配示意图一般是按照约束状态移动的方式进行分解的。

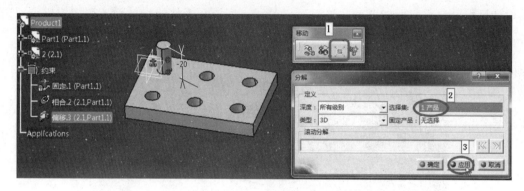

图6—18　使用"分解"命令将零件炸开

6.4.4　测量产品装配后的重心等参数

对于装配完成后的产品，可以利用绘图区下方的测量工具按钮，对产品进行精确的测量和分析。测量内容包括测量距离、角度、面积、体积和重心等。

1."测量间距"按钮的作用

"测量间距"按钮如图 6—19 中"1"所示。该按钮用于测量两个对象之间的参数，如距离、角度等。

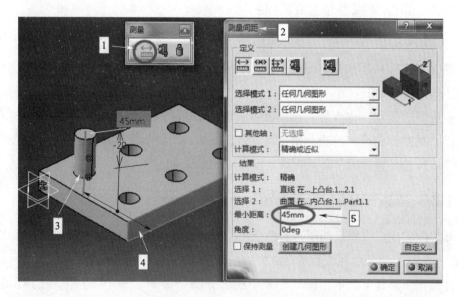

图 6—19　测量距离

具体操作步骤如下：单击"测量间距"按钮（见图6—19中"1"），系统弹出"测量间距"对话框（见图6—19中"2"），在绘图区选取两个测量对象，如图6—19中"3"的轴线和图6—19中"4"的平面，该轴线到平面的距离45 mm出现在"测量间距"对话框中（见图6—19中"5"）。

2．测量项按钮的作用

"测量项"按钮如图6—20中"1"所示。该命令用于测量单个对象的尺寸参数，如点的坐标、边线的长度、圆弧的半径、曲面的面积和实体的体积等。

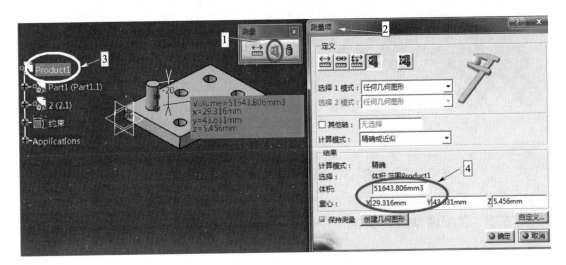

图6—20   测量体积

具体操作步骤如下：单击"测量项"按钮（见图6—20中"1"），系统弹出"测量项"对话框（见图6—20中"2"），在绘图区选取单个测量对象，如图6—20中"3"的Product1（装配体），该装配体的体积出现在"测量项"对话框中（见图6—20中"4"）。

3．测量惯量的作用

"测量惯量"按钮如图6—21中"1"所示。该命令用于测量一个部件的惯量参数，如重心位置、对重心的惯量矩等。

具体操作步骤如下：单击"测量惯量"按钮（见图6—21中"1"），系统弹出"测量惯量"对话框（见图6—21中"2"），在绘图区选取单个测量对象，如图6—21中"3"的Product1（装配体），该装配体的重心位置、对重心的惯量矩等参数出现在"测量惯量"对话框中（见图6—21中"4"），如果在"密度"后面的文本框中输入该产品的密度参数，系统将自动计算出该产品的质量。

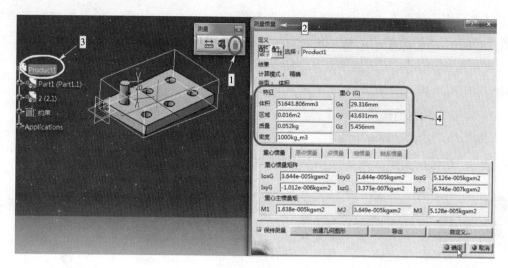

图 6—21　测量惯量矩

6.5　课堂练习实例

6.5.1　装配课堂练习实例一如图 6—22 所示。

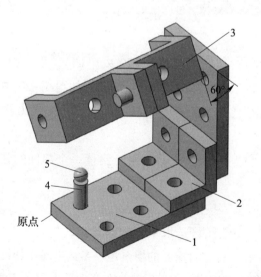

5	φ10的球体	1
4	图5-65零件二	2
3	图5-65零件四	2
2	图5-65零件三	2
1	图5-65零件一	2
编号	零件图号	数量

图 6—22　装配课堂练习实例一

问题：

装配完成后装配体的重心是 X：_____　Y：_____　Z：_____。

6.5.2 装配课堂练习实例二如图6—23所示。

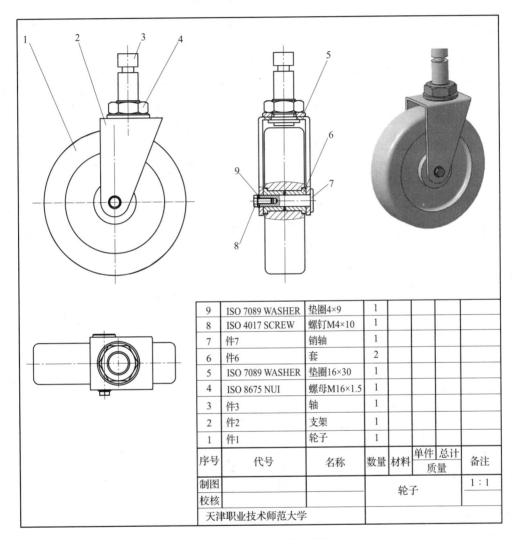

9	ISO 7089 WASHER	垫圈4×9	1				
8	ISO 4017 SCREW	螺钉M4×10	1				
7	件7	销轴	1				
6	件6	套	2				
5	ISO 7089 WASHER	垫圈16×30	1				
4	ISO 8675 NUI	螺母M16×1.5	1				
3	件3	轴	1				
2	件2	支架	1				
1	件1	轮子	1				
序号	代号	名称	数量	材料	单件 质量	总计	备注
制图				轮子			1∶1
校核							
天津职业技术师范大学							

图6—23 装配课堂练习实例二

6.5.3 装配课堂练习实例二零件图如图 6—24 ~ 图 6—26 所示。

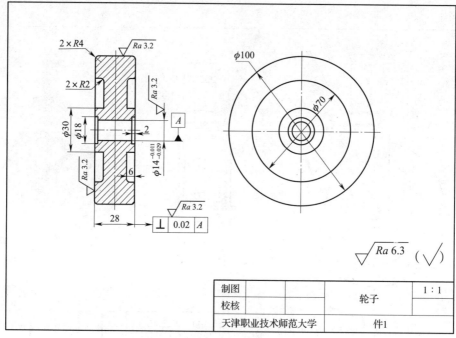

图 6—24　件 1

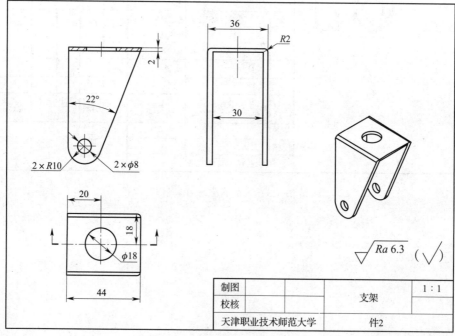

图 6—25　件 2

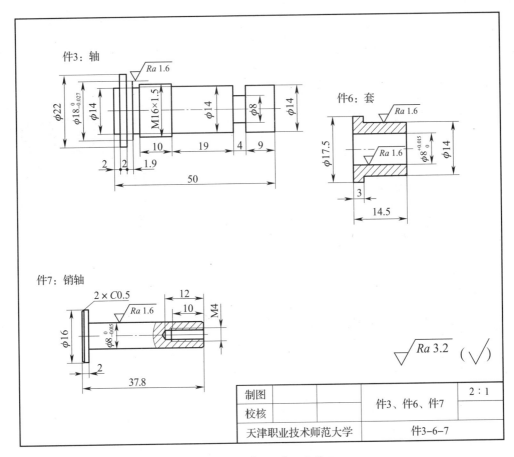

图 6—26 件 3、件 6 和件 7

问题：

1. 装配完成后的装配体体积是多少？

2. 标准件是怎样处理的？

课后练习

完成下列零件的造型和产品的装配。

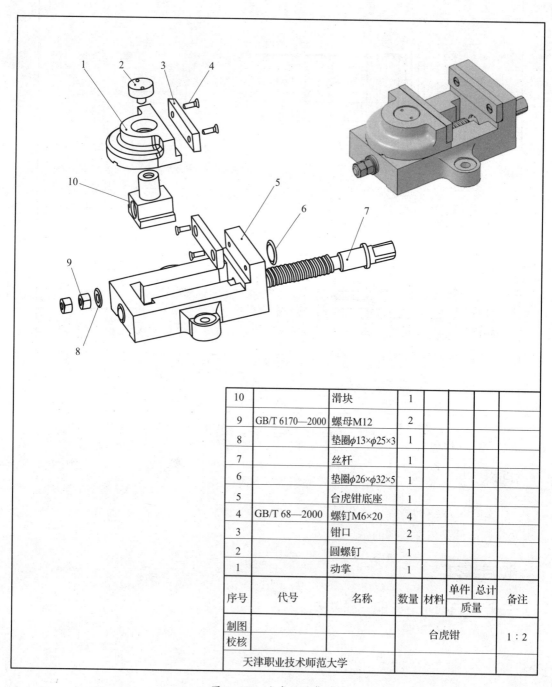

10		滑块	1				
9	GB/T 6170—2000	螺母M12	2				
8		垫圈$\phi13\times\phi25\times3$	1				
7		丝杆	1				
6		垫圈$\phi26\times\phi32\times5$	1				
5		台虎钳底座	1				
4	GB/T 68—2000	螺钉M6×20	4				
3		钳口	2				
2		圆螺钉	1				
1		动掌	1				
序号	代号	名称	数量	材料	单件 总计 质量		备注
制图 校核					台虎钳		1:2
	天津职业技术师范大学						

图 6—27　台虎钳总装图

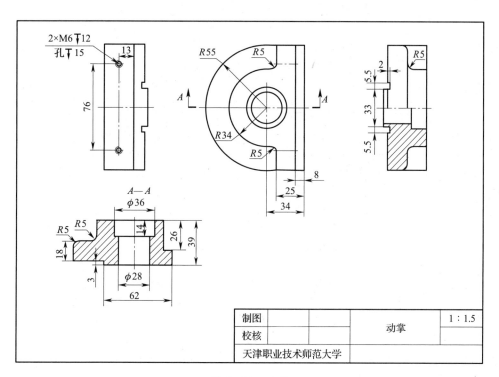

制图			动掌	1 : 1.5
校核				
天津职业技术师范大学				

图 6—28 动掌

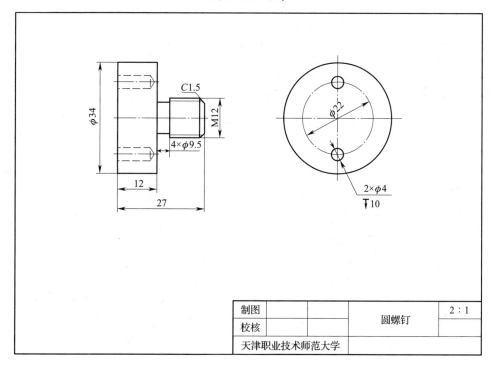

制图			圆螺钉	2 : 1
校核				
天津职业技术师范大学				

图 6—29 圆螺钉

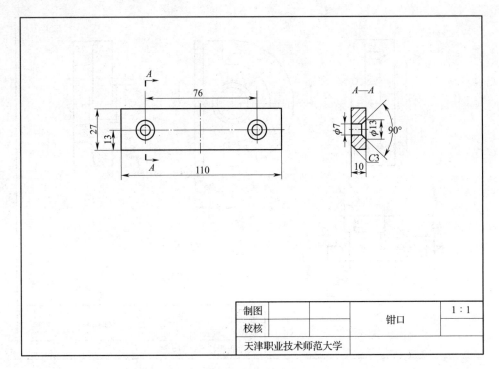

图 6—30　钳口

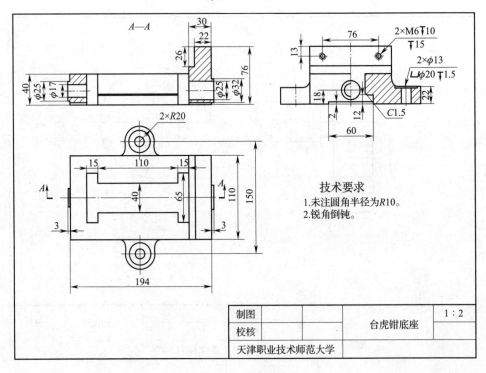

技术要求
1.未注圆角半径为R10。
2.锐角倒钝。

图 6—31　台虎钳底座

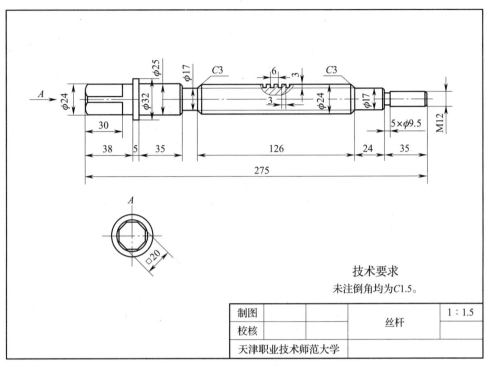

技术要求

未注倒角均为C1.5。

制图		丝杆	1 : 1.5
校核			
天津职业技术师范大学			

图 6—32 丝杆

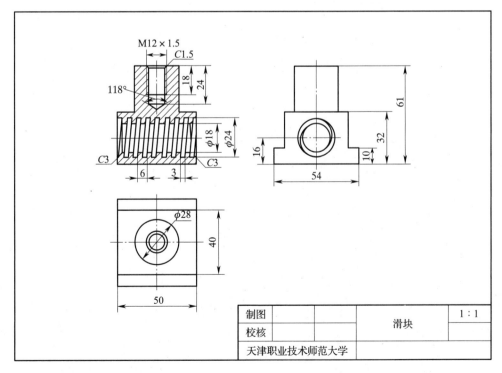

制图		滑块	1 : 1
校核			
天津职业技术师范大学			

图 6—33 滑块

第 7 章

参数化设计

要点：

- 掌握参数化设计的方法

7.1 概　　述

机械设计是一个创造性的活动，是一个反复修改、不断完善的过程。对很多企业来说，设计工作往往是变型化设计或系列化设计，新的设计经常用到已有的设计结果。据不完全统计，零件的结构要素 90% 以上是通用或标准化的，零件有 70% ~ 80% 是相似的。传统设计使用的方法是先绘制精确图形，再从中抽象几何关系，设计只存储最后的结果，而不关心设计的过程。这种设计系统不支持初步设计过程，缺乏变参数设计功能，不能很好地自动处理对已有图形的修改，不能有效地支持变型化、系列化设计，从而使得设计周期长，设计费用高，设计中存在大量重复劳动，严重影响了设计的效率。参数化设计就是根据实际应用的需求应运而生的。

参数化设计（Parametric Design）又称尺寸驱动（Dimension – Driven），是通过改动图形的某一部分或某几部分的尺寸，或者修改已经定义好的参数，自动完成对图形中相关部分的改动，从而实现对图形的驱动。

1. 参数化设计的优点

（1）降低了对设计人员的绘图要求。

（2）便于产品模型的系列化设计，参数化设计后可以得到一系列尺寸的零件模型。

（3）可对模型进行反复修改，提高对已有资源的利用。

参数化设计与传统的自由约束的设计方法相比，参数化设计更符合工程设计的习惯，因此极大地提高了设计效率，缩短了设计周期，减少了设计过程中信息的存储量，降低了设计费用，从而增强了产品的市场竞争力。

参数化设计技术可以应用到从精密零件到大型机械的设计，无论在开发试制阶段还是在生产过程中均可广泛应用，是一种可以有效提高产品设计质量的方法。目前主流的 CAD 软件，如 CATIA、NX、PRO/E、SolidWorks 等都具备了参数化设计的功能。

2. 在 CATIA 中实现三维参数化设计的方法

（1）尺寸约束驱动法。所谓尺寸驱动，是指在零件基本结构固定不变的情况下，按照正确的设计关系将零件相关尺寸标注为参数变量，给其赋值（赋值要有科学依据，符合产品结构特征），CATIA 就会自动生成结构相同而尺寸不同的一系列零件，只要保证零件原模型几何约束和尺寸约束正确就可以得到所需参数化模型。这种方法在前面章节的零件设计中已经有所应用。

（2）公式约束驱动法。设计人员可通过 CATIA 软件设置自定义参数。通过公式模块快速制定出用户需要的参数和约束这些参数的公式。参数的属性可以在公式中设置，如长度、整数、实数及其物理定义等。设计人员可以将用户自定义参数和零件模型草图中的几何尺寸通过公式约束联系起来。本章重点讲解此方法。

（3）设计表格驱动法。应用表格驱动实现参数化技术，首先要把零部件中的相关参数以数据的形式存放在表格当中，然后建立表格中的数据与三维模型参数的关联。通过选择表格中不同的参数来改变模型的外部形状，从而得到新的零部件模型。在 CATIA 的参数化设计过程中，可使用的设计表格形式有两种，分别为文本格式和 Excel 格式。设计人员只需将模型的参数制成文本格式或者 Excel 格式，就可以通过 CATIA 自带的 DesignTable 对表格中的数据进行读取，修改参数值，生成新的三维模型。本章将介绍此方法。

（4）交互式参数驱动法。此方法是应用 CAA 为开发工具，以 Visual C ++ 为编程平台，对 CATIA 进行二次开发，依据零件结构特征和参数之间的约束关系，用 CAA 函数进行程序的编写来实现参数化设计的。通过对遍历 CATIA 特征树下的特征关系和参数值，读取零件中的所有参数和参数值，对其进行具体分析，然后根据需求来选择修改的参数，设计人机交互界面，通过编译程序对模型的驱动参数进行修改，完成对参数化模型的驱动。由于本书篇幅有限，这种交互式参数化设计的方法不讲解。

7.2 公式约束驱动参数化设计的实例

7.2.1 齿轮的图样

渐开线直齿轮广泛应用于冶金、矿山、石油、化工、煤炭、电力和建筑等行业的各种机械设备上作为承载传动零件，是最具代表性的一种齿轮。齿轮的齿廓形状复杂，按照传统的设计方法，每次都要进行计算、建立模型等烦琐而重复的劳动，因此，实现对渐开线直齿轮的参数化设计十分必要。

下面通过一个渐开线直齿轮的设计来理解参数化设计的思想。齿轮的图样如图 7—1 所示。

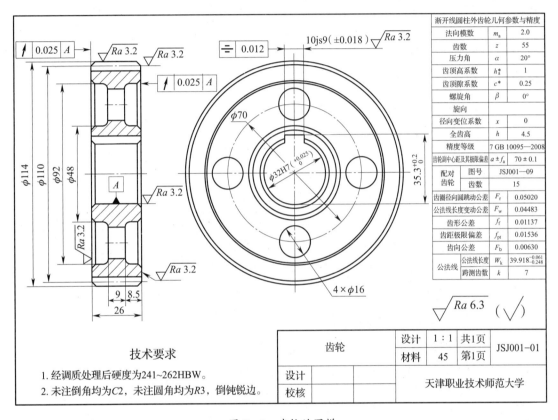

图 7—1 齿轮的图样

7.2.2 图样分析

渐开线直齿轮的造型关键在于齿形的绘制，齿形的截面草图绘制完成后，用"拉伸"命令就可以得到齿体，其他内孔、倒角和键槽等特征用前面学习过的知识就可以轻松完成。

齿形的建模需要了解下列知识。

1. 齿轮的重要参数

影响渐开线齿轮形状和尺寸的主要参数有模数 m、齿数 z、分度圆压力角 α、齿顶高系数 h_α^*、齿顶隙系数 c^*、变位系数 x、分度圆螺旋角 β。各参数之间的关系如图 7—2 所示。

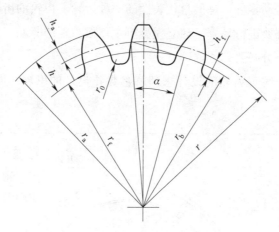

图 7—2　外啮合标准直齿圆柱齿轮各参数之间的关系

这些参数中模数 m、齿数 z 可任意变化，调整变位系数 x、齿根高系数 h_f、分度圆螺旋角 β 可得到变位齿轮和斜齿轮，如果改变齿顶高系数 h_α、齿顶隙系数 c 可以得到短齿轮和长齿轮，压力角 α 的改变可以满足某些特殊齿轮的要求。

总之，为了达到齿轮的各项技术要求，就要考虑齿轮各参数的改变，这些参数与齿轮尺寸、形状、位置之间以各种参数方程关联，每个参数的改变都会引起齿轮的改变。

图 7—1 所示为标准渐开线直齿轮且为正常齿形，即：

模数 $m = 2$；齿数 $z = 55$；分度圆压力角 $\alpha = 20°$；齿顶高系数 $h_\alpha^* = 1$；齿顶隙系数 $c^* = 0.25$；变位系数 $x = 0$；分度圆螺旋角 $\beta = 0°$。

2. 参数化设计分析

对渐开线直齿轮进行参数化设计就是将齿轮的一些重要参数，如齿数、模数、压力角、齿顶高系数等进行参数化，当需要不同种渐开线直齿轮时，只需改变这些参数即可。

在 CATIA 软件中，参数化设计主要包括以下两个方面：

（1）确定驱动参数，用公式定义计算参数。驱动参数首先赋值，经过公式计算得到其他计算参数。用户可以按设计要求修改驱动参数的数值，计算参数根据公式改变。由于驱动参数和计算参数可以约束几何图形尺寸，因此，图形大小随驱动参数和计算参数的改变而改变，达到参数化设计的目的。

在渐开线直齿轮中，驱动参数主要包含模数 m、齿数 z 和分度圆压力角 α 这三个基本参数。计算参数有分度圆半径 r、齿顶圆半径 r_k、基圆半径 r_b、齿根圆半径 r_f 以及建模时涉及的一些辅助参数。辅助参数可通过公式由驱动参数计算得到。

由于在 CATIA 中变量不能有下角标，因此变量名不能直接使用齿轮的参数符号，需要稍加改动，改动后的变量定义及公式见表7—1。虽然使用中文变量也可以，但公式就太长了。

表7—1 CATIA 中的变量定义及公式

变量	变量含义	初值	公式	变量类型	备注
m	模数	2		实数	无单位
z	齿数	55		整数	无单位
alpha	压力角	20		角度	单位为 deg
ha	齿顶高		ha = m * 1 mm	长度	CATIA 的长度单位默认为 m，根据图样要求长度单位为 mm，这里在公式最后乘以 1 mm，即把单位改成 mm 了
hf	齿根高		hf = m * 1.25 mm	长度	
r	分度圆半径		r =（m * z/2）*1 mm	长度	
ra	齿顶圆半径		ra = r + ha	长度	
rb	基圆半径		rb = r * cos（alpha）	长度	
rf	齿根圆半径		rf = r – hf	长度	
pf	齿根圆角半径		pf ＝0.38 * m * 1 mm	长度	

（2）齿形轮廓的参数化设计。渐开线直齿轮的齿形是渐开线，在CATIA中并没有直接生成渐开线的命令，需要利用样条线拟合所需曲线。造型思路是在创成式外形设计模块中使用"fog"命令，在弹出的"规则编辑器"对话框中输入含有参数 t 的公式（参数 t 是 CATIA 软件提供的参数，t 在 0~1 之间变化），定义若干个点。每个点的 x、y 坐标值用含参数 t 的曲线方程定义。点的数目决定了样条线拟合精度。为了保证精度，这里取了7个 t 值，分别为 0、0.1、0.2、0.25、0.3、0.35、0.4，这样就得到了7个离散点，再利用"样条线"（Spline）命令将7个点连接为曲线，就得到了符合齿轮啮合要求的渐开线。

根据渐开线的形成原理，渐开线在直角坐标系下的参数方程定义如图7—3所示，渐开线在直角坐标系下的参数方程为：

$$x = r_b \sin(\alpha_k + \theta_k) - r_b(\alpha_k + \theta_k)\cos(\alpha_k + \theta_k)$$
$$y = r_b \cos(\alpha_k + \theta_k) + r_b(\alpha_k + \theta_k)\sin(\alpha_k + \theta_k)$$

式中 r_b——基圆，mm；

α_k——渐开线上 k 点处的压力角，（°）；

θ_k——渐开线上 k 点处的展角，（°）。

根据表7—1中的变量定义和渐开线的参数方程，渐开线上离散点的坐标公式为：

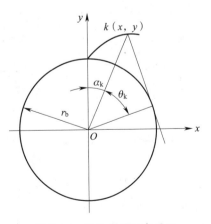

图7—3 渐开线的形成原理

$$x = r_b \sin(t \times \mathrm{PI} \times 1 \ \mathrm{rad}) - r_b \times t \times \mathrm{PI} \times \cos(t \times \mathrm{PI} \times 1 \ \mathrm{rad})$$

$$y = r_b \cos(t \times \mathrm{PI} \times 1 \ \mathrm{rad}) + r_b \times t \times \mathrm{PI} \times \sin(t \times \mathrm{PI} \times 1 \ \mathrm{rad})$$

上式中的 PI 就是圆周率 π，×1 rad 是将弧度换算成角度，t 为参数。

x、y 的变量类型为长度，t 的变量类型为实数变量。

7.2.3 操作步骤

1. 启动 CATIA

单击桌面上的"开始"→"所有程序"→"CATIA"→"CATIA P3 V5R21"或单击桌面上 CATIA 的图标，启动 CATIA。

2. 设置"结构树"显示参数

结构树在默认的设置中是不显示参数和公式的，需要在选项里更改默认内容。

➤ 在主菜单上选择"工具"→"选项…"，弹出"选项"对话框。

➤ "参数和测量"的设置如图 7—4 所示，在"选项"对话框中选择"常规"→"参数和测量"，然后在"知识工程"选项卡内选择"带值"和"带公式"。

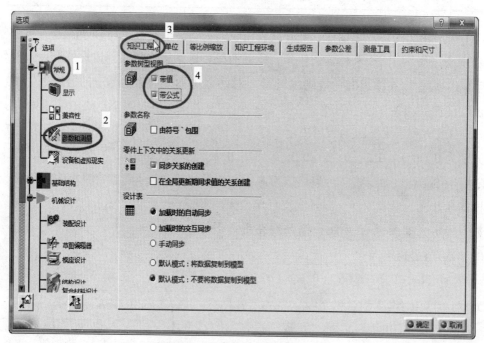

图 7—4 "参数和测量"的设置

➤ "零部件基础结构"的显示设置如图 7—5 所示，在"选项"对话框中选择"基础结构"→"零部件基础结构"，在"显示"选项卡内的"在结构树中显示"项目下选择"参数"和"关系"。

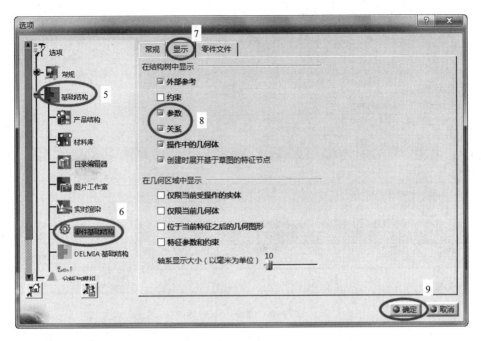

图7—5　"零部件基础结构"的显示设置

➤ 单击"确定"，完成设置，以后的参数与数值及关系等内容将显示在结构树下。

3. 进入"零部件设计"工作台

在主菜单上选择"开始"→"形状"→"创成式外形设计"，弹出"新建零部件"对话框，输入名称"齿轮"，选择"启用混合设计"，然后单击"确定"，进入"零部件设计"工作台。

4. 创建齿轮参数

在主菜单上选择"工具"→"公式…"，或单击"知识"工具栏内的 $f(x)$ 按钮，弹出"公式"对话框，如图7—6所示。

（1）模数 m 参数的创建过程：首先在"新类型参数"后面的下拉列表中选择"实数"选项（见图7—6中"1"），并设置为"单值"（见图7—6中"2"），单击"新类型参数"按钮（见图7—6中"3"），就创建了一个实数类型的参数；然后在"编辑当前参数的名称或值"的文本框中，按照表7—1的设定，将"实数1"修改为"m"（见图7—6中"4"），并将值设置为2（见图7—6中"5"），单击"应用"（见图7—6中"6"）。第一个参数值设置完成，创建结果如图7—6所示。

（2）齿数 z 参数的创建过程：由于齿数 z 是整数变量。在"新类型参数"后面的下拉列表中选择"整数"选项，创建一个新的整数类型的参数；然后在"编辑当前参数的名称或值"的文本框中，将"整数1"修改为"z"，将值设置为55，单击"应用"就完成了。

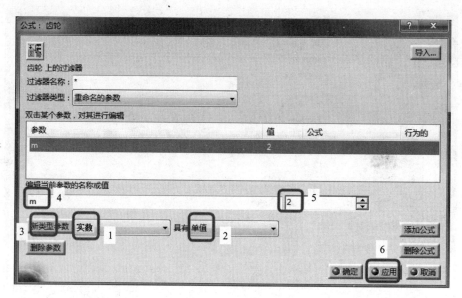

图7—6　"公式"对话框

（3）压力角 alpha 参数的创建过程：先在"新类型参数"后面的下拉列表中选择"角度"选项，并设置为"单值"，再单击"新类型参数"按钮，创建出一个角度类型的参数；然后在"编辑当前参数的名称或值"的文本框中，将"角度1"修改为"alpha"，将值设置为20，单击"应用"，压力角参数的定义就完成了。

（4）齿顶高 ha 参数的创建过程：如图7—7所示，先在"新类型参数"后面的下拉列表中选择"长度"选项（图中"1"），再单击"新类型参数"按钮（图中"2"），创建出一个长度类型的参数；然后在"编辑当前参数的名称或值"的文本框中，将"长度1"修改为"ha"（图中"3"），单击"添加公式"按钮（图中"4"）。系统将弹出"公式编辑器"对话框，如图7—8所示，输入"m * 1 mm"（图中"5"），单击"确定"（图中"6"），返回公式定义对话框，ha 的参数就完成了。CATIA 依据公式自动计算出 ha 的值为2 mm，结果如图7—7中"7"所示。

（5）可参考齿顶高参数 ha 的定义过程定义表7—1中的其他参数。所有参数定义完成后的结果如图7—9所示。图7—9中"1"是输入的公式，图7—9中"2"是根据公式自动计算出来的参数值。

（6）单击"知识"工具栏中 ▦ 按钮右下角处的小黑三角，在系统弹出的工具栏中单击 fᴏᵍ 按钮，系统弹出"法则曲线 编辑器"对话框，如图7—10所示。在"法则曲线的名称"文本框中输入"x"（见图7—10中"1"），并单击"确定"（见图7—10中"2"）。

系统随后弹出"规则编辑器"对话框，如图7—11所示。

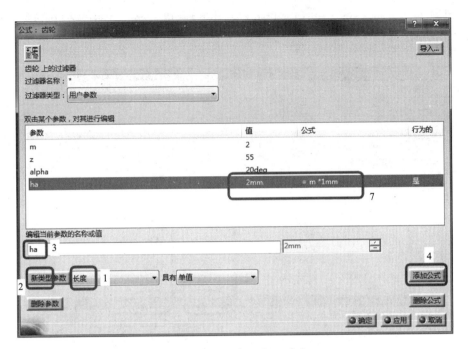

图7—7　定义齿顶高 ha 参数

图7—8　"公式编辑器"对话框

参考前面定义变量的过程，在图7—11中"2"的位置定义一个实数变量 t。具体操作是先选择变量类型为"实数"，再单击"新类型参数"按钮，就创建了一个实数变量参数；随后将实数变量的名字改成 t。

定义一个长度变量 x。先选择变量类型为"长度"，再单击"新类型参数"按钮，就创建了一个长度变量参数；随后将长度变量的名字改成 x。在图7—11中"3"的空白位置处输入"x = rb * sin（t * PI * 1rad）－ rb * t * PI * cos（t * PI * 1rad）"，再单击"确定"（见图 7—11 中 "4"）就完成了。

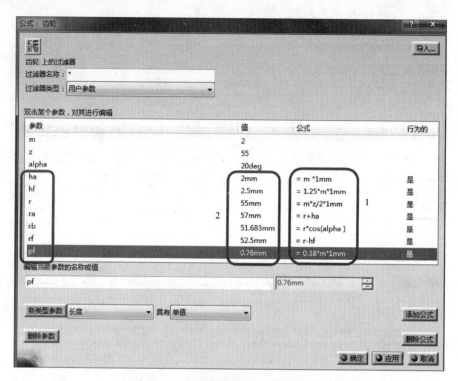

图 7—9 所有参数定义完成后的结果

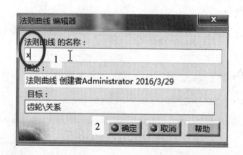

图 7—10 "法则曲线 编辑器" 对话框 (1)

注意："/＊法则曲线 创建者 Administrator 2016/3/29 ＊/" 是注释内容，保留或都删除均可。

（7）再定义一个 y 的法则曲线。单击"知识"工具栏中 ■ 按钮右下角处的小黑三角，在系统弹出的工具栏中单击 f∘₃ 按钮，系统弹出"法则曲线 编辑器"对话框，如图 7—12 所示。在"法则曲线的名称"文本框中输入"y"（见图 7—12 中 "1"），并单击"确定"（图 7—12 中 "2"）。

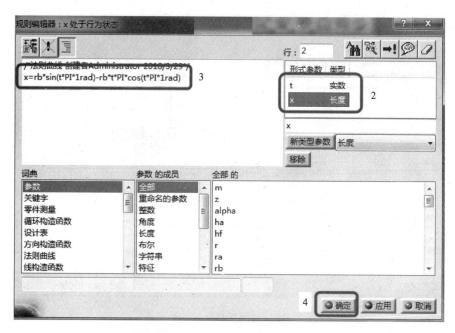

图 7—11　"规则编辑器"对话框

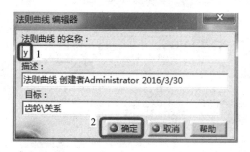

图 7—12　"法则曲线 编辑器"对话框（2）

系统随后弹出"规则编辑器"对话框，如图 7—13 所示。

在图 7—13 中"3"的位置定义一个长度变量 y。先选择变量类型为"长度"，再单击"新类型参数"按钮，就创建了一个长度变量参数，随后将长度变量的名字改成"y"。

再定义一个实数变量 t。具体操作是先选择变量类型为"实数"，再单击"新类型参数"按钮，就创建了一个实数变量参数，随后将实数变量的名字改成"t"。在图 7—13 中"4"的空白位置处输入"$y = rb*\cos（t*PI*1rad）+ rb*t*PI*\sin（t*PI*1rad）$"，再单击"确定"就完成了。

5. 创建四个基础圆形

在创成式外形设计模块中，选择下拉菜单"插入"→"线框"→"圆"命令（或单击工具栏的 ⭕ 按钮）。系统弹出"圆定义"对话框，如图 7—14 所示。

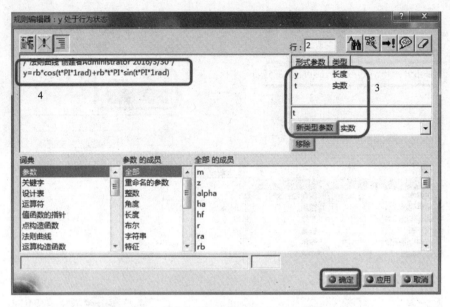

图7—13 "规则编辑器"对话框

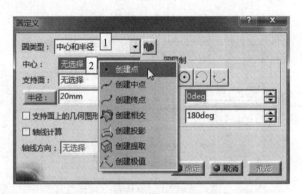

图7—14 "圆定义"对话框

（1）首先在圆类型的下拉列表中选择圆类型为"中心和半径"（见图7—14中"1"），在"中心"后面的文本框中用鼠标右键单击，在弹出的右键菜单中选择"创建点"（见图7—14中"2"）。系统将弹出"点定义"对话框，如图7—15所示。

在点类型的下拉列表中，选择点类型为"坐标"（见图7—15中"3"），系统默认点的位置为原点，这个位置将成为齿轮的中心（见图7—15中"4"）。确认该点位置为原点，单击"确定"（见图7—15中"5"），返回"圆定义"对话框。

如图7—16所示，在"支持面"后面的文本框中用鼠标右键单击，在弹出的右键菜单中选择"xy平面"（图中"6"）。选择圆限制为整圆（图中"7"），单击"函数"按钮 $f\infty$（图中"8"），系统将弹出"公式编辑器"对话框，如图7—17所示。

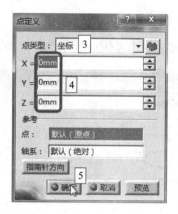

图7—15 "点定义"对话框

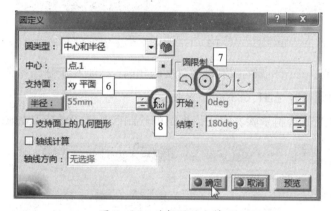

图7—16 选择圆的支持面

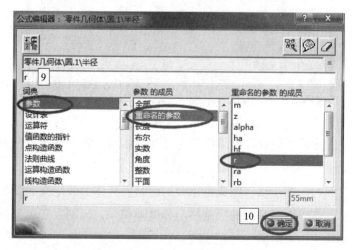

图7—17 "公式编辑器"对话框

　　定义半径值为变量分度圆半径 r（在图7—17中"9"处输入"r"），或者找到 r 参数并双击。单击"确定"（见图7—17中"10"），返回图7—16。系统自动计算出分度圆半径为 55 mm，单击"确定"完成分度圆的绘制。

（2）参考分度圆的绘制步骤，完成基圆的绘制。具体参数定义如图7—18所示。

图 7—18　基圆的定义

基圆的中心、支持平面和圆的限制都与分度圆相同，区别在于基圆的半径变量是参数 rb。系统自动计算出的圆半径是 51.683 mm。

（3）参考分度圆的绘制步骤，完成齿根圆的绘制。具体参数定义如图7—19所示。

图 7—19　齿根圆的定义

齿根圆的中心、支持平面和圆的限制都与分度圆相同，区别在于齿根圆的半径变量是参数 rf。系统自动计算出的圆半径是 52.5 mm。

（4）参考分度圆的绘制步骤，完成齿顶圆的绘制。具体参数定义如图7—20所示。

齿顶圆的中心、支持平面和圆的限制都与分度圆相同，区别在于齿顶圆的半径变量是参数 ra。系统自动计算出来的圆半径是 57 mm。

6. 创建齿形渐开线

齿轮的齿形是渐开线，CATIA 没有直接创建渐开线的命令，需要利用样条线拟合所需曲线。造型思路是在创成式外形设计模块中，使用"fog"命令，输入含有参数 t 的公式

（参数 t 是 CATIA 软件提供的参数，t 在 $0 \sim 1$ 之间变化），定义若干个点。每个点的 x、y 坐标值用含参数 t 的曲线方程定义。点的数目决定了样条线拟合精度。为了保证精度，可取 7 个 t 值，分别为 0、0.1、0.2、0.25、0.3、0.35、0.4，这样就得到了 7 个离散点，再利用"样条线"命令将 7 个点连接为曲线，就得到了齿形渐开线。

图 7—20　齿顶圆的定义

选择下拉菜单"插入"→"线框"→"点"命令（或单击工具栏的 ▪ 按钮）。系统弹出"点定义"对话框，如图 7—21 所示。

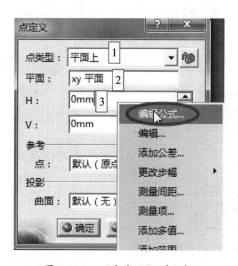

图 7—21　"点定义"对话框

在点类型的下拉列表中，选择点类型为"平面上"（见图 7—21 中"1"）；在"平面"后面的文本框中用鼠标右键单击，在弹出的右键菜单中选择"xy 平面"（见图 7—21 中"2"）；在"H:"后面的文本框中用鼠标右键单击，在弹出的右键菜单中选择"编辑公式…"（见图 7—21 中"3"）。系统自动弹出"公式编辑器"对话框，如图 7—22 所示。

首先在第一栏处选择"参数"（见图7—22中"1"），第二栏出现参数的成员类型，在最底下找到"Law"并选择（见图7—22中"2"），第三栏自动变成Law的成员内容，双击"`关系\x`"（见图7—22中"3"），图7—22中"4"处就出现了该参数。然后在第一栏处选择"法则曲线"（见图7—23中"5"），第二栏的内容自动变成法则曲线的成员（见图7—23中"6"），双击该参数后，图7—23中"7"的位置出现该参数，最后在括号内填入参数"0"，单击"确定"就完成了x变量的公式定义。最终结果如图7—23所示。

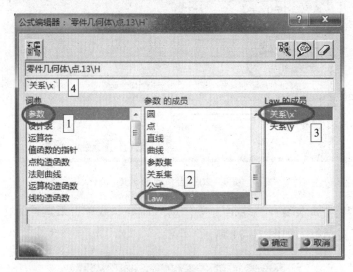

图7—22　"公式编辑器"对话框

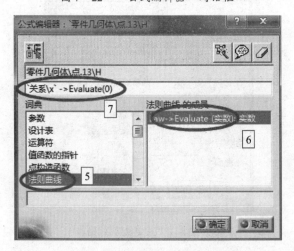

图7—23　点定义的结果

当然直接填入图7—23中"7"处的内容也可以，即用键盘输入"`关系\x`→Evaluate（0）"。如果系统弹出如图7—24所示的"自动更新？"提示，单击"是"即可。

系统返回图7—21后，可以看到图7—21中"H:"后面的文本框中填入了一个灰色

224

的 0 mm，这是根据公式计算的结果。

在图 7—21 中 "V:" 后面的文本框中右击，在弹出的右键菜单中选择 "编辑公式"。系统自动弹出 "公式编辑器" 对话框，如图 7—25 所示。

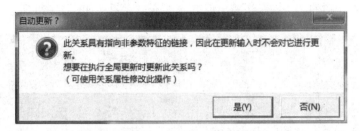

图 7—24   "自动更新?" 的提示

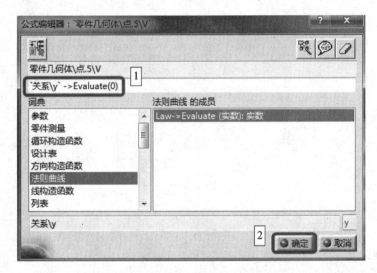

图 7—25   "公式编辑器" 对话框

参考前面 x 变量的定义过程，完成 y 变量的公式定义。当然直接填入图 7—25 中 "1" 处的内容也可以，即用键盘输入 "`关系 \ y`→Evaluate（0）"，单击 "确定" 就完成了 y 变量的公式定义。如果系统弹出 "自动更新?" 的提示，单击 "是" 即可。最后点定义的结果如图 7—26 所示，注意该图中 "1" 处 "V:" 后面的文本框填入了一个灰色的 51.683 mm，这是根据公式计算的结果。单击 "确定" 就完成了第一个离散点的创建。

第一个离散点应出现在基圆上，如图 7—27 所示（图中 "1"），在结构树的零件几何体处有 "点.5"（图中

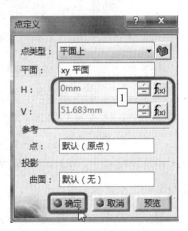

图 7—26   第一个离散点的定义结果

"2"），双击结构树上的"关系"（图中"3"），可以看到点的公式定义（图中"4"）。

在图7—27"点.5"（图中"2"）处用鼠标右键单击，在弹出的右键菜单中选择"复制"，然后在"点.5"上再次单击鼠标右键，在弹出的右键菜单中选择"粘贴"，系统将创建一个新的点（点.6），结构树的"关系"下将出现点.6的公式关系，如图7—28所示（图中"1"）。

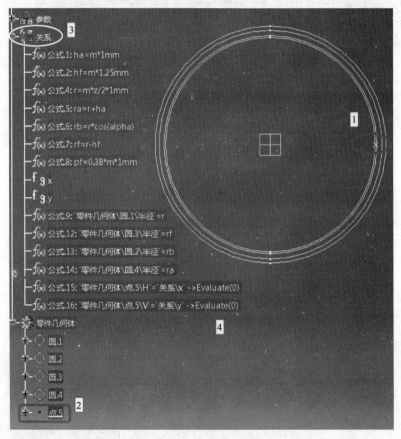

图7—27　第一个离散点的位置

由于点.5和点.6的公式是一样的，因此绘图区只能看到两个重合在一起的点。双击第二个点（点.6）的关系公式，系统将弹出公式编辑器，如图7—29所示，将图中"2"处的 Evaluate（0）修改为 Evaluate（0.1），单击"确定"就完成了位置关系的公式修改。

一个点的位置有 x 和 y 两个关系。双击第二个点（点.6）的另外一个关系公式，系统将弹出公式编辑器，如图7—30所示，将该图中"3"处的 Evaluate（0）修改为 Evaluate（0.1），单击"确定"，位置关系的公式修改完成。

第二个点的公式修改完成后，绘图区中分度圆附近将看到第二个点。其位置 $H = 0.529$，$V = 54.171$，这是系统根据新的0.1参数重新计算出来的点的位置。

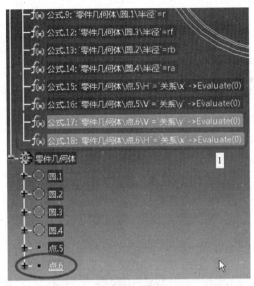

图7—28 复制出的第二个离散点

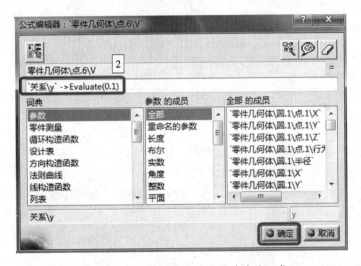

图7—29 修改第二个点的位置关系的公式1

参考点.6的创建过程,重复操作,一共需要创建7个点。其结果如图7—31所示。

7个点的Evaluate（t）中t值分别为0、0.1、0.2、0.25、0.3、0.35、0.4,每个点的x和y都要修改,其关系公式如图7—31中"3"所示。

双击结构树上最后一个点（点.11）,其位置 $H = 29.084$, $V = 77.739$,这是系统根据t为0.4时的参数重新计算出来的点的位置。

在创成式外形设计模块中,选择下拉菜单"插入"→"线框"→"样条线"命令（或单击工具栏的 按钮）。系统弹出"样条线定义"对话框,如图7—32所示。

图 7—30　修改第二个点的位置关系的公式 2

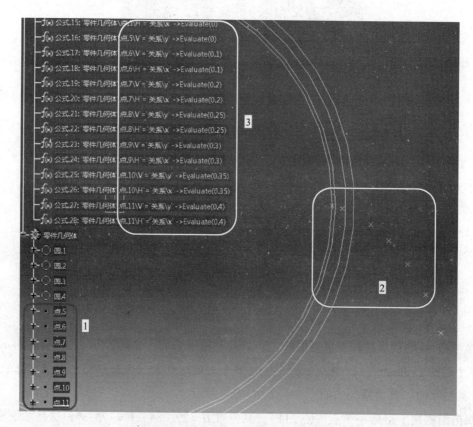

图 7—31　所有 7 个点的位置及关系公式

依次选取绘图区中的 7 个离散点为样条线的通过点（注意点之间的选取顺序不能错），最后单击"确定"就完成了齿轮一侧渐开线的绘制。

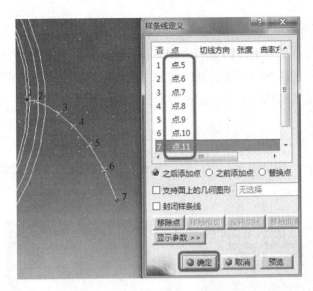

图7—32 "样条线定义"对话框

渐开线创建后，为了不影响后续操作，可将7个离散点在结构树上隐藏。

选择下拉菜单"插入"→"操作"→"分割"命令（或单击工具栏的 按钮，见图7—33中"1"）。系统弹出"分割定义"对话框，如图7—33所示。

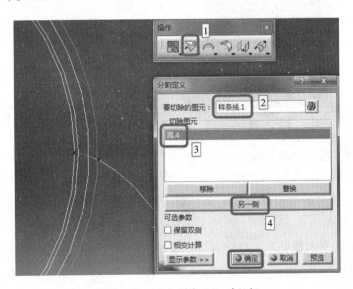

图7—33 "分割定义"对话框

使用"分割"命令（见图7—33中"1"）的目的是将齿顶圆以外的渐开线割去。分别在绘图区选取"样条线.1"（见图7—33中"2"）和齿顶圆"圆.4"（见图7—33中"3"）。单击"确定"，完成"分割"命令。

注意：保留部分在左侧，如果选择不正确，可单击"另一侧"按钮（见图7—33中

"4")来改变保留对象。

齿形另一侧渐开线的创建思路是利用分度圆与渐开线相交得到一个相交点,作相交点与圆心的连线,再将连线按照齿数分度的原理,旋转得到整个齿形的中轴线,然后利用已完成的渐开线与中轴线对称的关系,即可得到另一侧的渐开线。

7. 创建相交点

选择下拉菜单"插入"→"线框"→"相交"命令(或单击工具栏的 按钮,见图7—34中"1"),系统弹出"相交定义"对话框,如图7—34所示。分别在绘图区选取"分割.1"(见图7—34中"2")和分度圆"圆.1"(见图7—34中"3")。单击"确定"就得到了相交点。

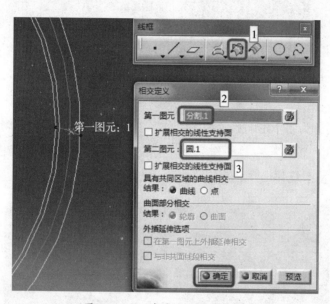

图7—34 "相交定义"对话框

8. 创建相交点与圆心的连线

选择下拉菜单"插入"→"线框"→"直线"命令(或单击工具栏的 按钮,见图7—35中"1"),系统弹出"直线定义"对话框,如图7—35所示。

首先选取线型为"点–点"(见图7—35中"2"),由于连线的第一个点是在原点,在"点1:"后面的文本框处单击鼠标右键,在弹出的右键菜单中选取"创建点",在随后的"点定义"对话框中确认点的坐标为(0,0,0),即原点,确定后就得到了点.12(见图7—35中"3"),连线的第二个点是前面创建好的相交点,在绘图区选择该点(见图7—35中"4")。单击"确定",就得到了相交点与圆心的连线。

9. 创建整个齿形的中轴线

选择下拉菜单"插入"→"操作"→"旋转"命令(或单击工具栏的 按钮,见图7—36中"1"),系统弹出"旋转定义"对话框,如图7—36所示。

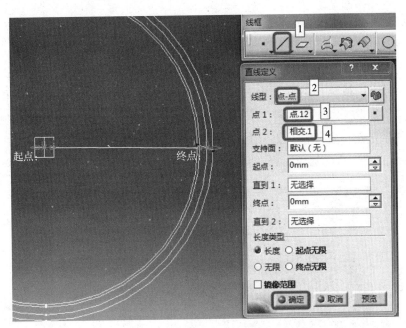

图7—35　"直线定义"对话框

首先选取旋转的定义模式为"轴线–角度"（见图7—36中"2"）；图元为连线"直线.1"（见图7—36中"3"）；在"轴线:"后面的文本框处单击鼠标右键，在弹出的右键菜单中选取"Z轴"（见图7—36中"4"）；单击 $f_{(x)}$（见图7—36中"5"），在系统弹出的"公式编辑器"对话框中输入"360deg/z/4"，单击"确定"，返回"旋转定义"对话框，系统根据公式自动计算出需要旋转1.636°，单击"确定"，就得到了中轴线。

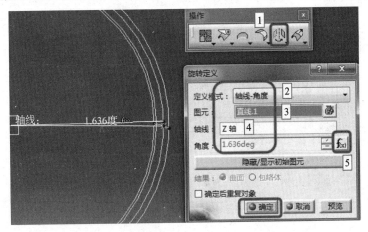

图7—36　"旋转定义"对话框

10. 创建齿根圆角

选择下拉菜单"插入"→"线框"→"圆角"命令（或单击工具栏的 按钮），系统弹出"圆角定义"对话框，如图7—37所示。

首先选取圆角类型为"支持面上的圆角"（见图7—37中"1"）；"图元：1"为渐开线（见图7—37中"2"）；"图元：2"为齿根圆（见图7—37中"3"）；单击 $f_{(x)}$ （见图7—37中"4"），在系统弹出的"公式编辑器"对话框中输入"pf"（齿根圆角半径变量），单击"确定"，返回"圆角定义"对话框，系统根据公式自动计算出圆角半径为0.76 mm，如果圆角位置不合适，单击"下一解法"按钮（见图7—37中"5"），系统用橙色显示那个圆角为当前圆角，确定圆角位置后，单击"确定"，就得到了齿根圆角。

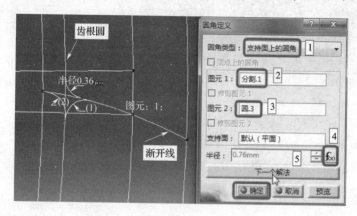

图7—37 "圆角定义"对话框

11. 用齿根圆角将多余渐开线割去

单击下拉菜单"插入"→"操作"→"分割"命令（或单击工具栏的 按钮），系统弹出"分割定义"对话框，如图7—38所示。

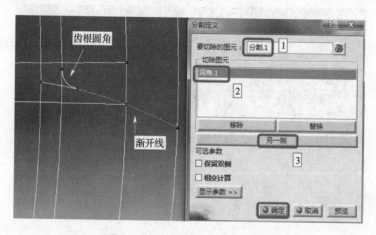

图7—38 "分割定义"对话框

其中要切除的图元为渐开线（见图7—38中"1"），切除图元为齿根圆角（见图7—38中"2"），系统将保留部分用橙色显示，如果保留部分不对，可单击"另一侧"

按钮（见图7—38 中"3"），单击"确定"，多余渐开线被割去。

12. 用镜像对称的方法得到另一侧的齿形

单击下拉菜单"插入"→"操作"→"接合"命令（或单击工具栏的 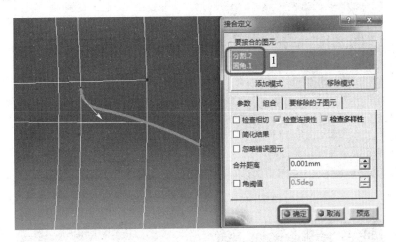 按钮），系统弹出"接合定义"对话框，如图7—39 所示。

由于后续的"镜像对称"命令只能针对一个图元操作，因此，需要用"接合"命令将已完成的渐开线和齿根圆角合并为一个图元（见图7—39 中"1"），选取操作对象后，单击"确定"完成接合操作。

单击下拉菜单"插入"→"操作"→"对称"命令（或单击工具栏的 按钮），系统弹出"对称定义"对话框，如图7—40 所示。

图7—39 "接合定义"对话框

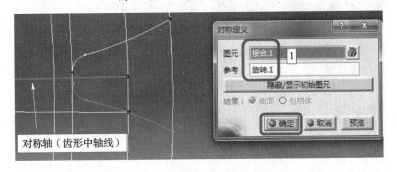

图7—40 "对称定义"对话框

选择对称图元为"接合.1"（见图7—40 中"1"），参考为齿形中轴线，选取完成后，单击"确定"完成对称操作。

13. 用上下两个齿形分割齿根圆

单击下拉菜单"插入"→"操作"→"接合"命令，系统弹出"接合定义"对话框如图7—41 所示。

分别选取上下两个齿形为要接合的图元（见图7—41中"1"），由于两个齿形并没有连接在一起，因此需要取消选择"检查连接性"（见图7—41中"2"），选取完成后，单击"确定"完成接合操作。

单击下拉菜单"插入"→"操作"→"分割"命令，系统弹出"分割定义"对话框，如图7—42所示。

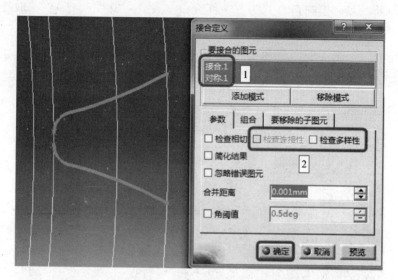

图7—41　"接合定义"对话框

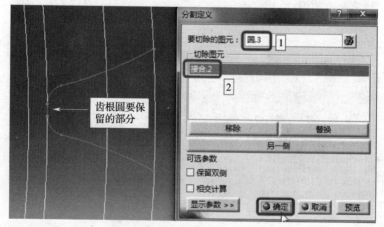

图7—42　"分割定义"对话框

选择要切除的图元为齿根圆（见图7—42中"1"，注意选择要保留的部分。切除图元为接合后的上下两个齿形（见图7—42中"2"），选取完成后，单击"确定"，齿根圆多余部分被切除。

14. 用"圆形阵列"命令得到其他齿形

由于"圆形阵列"命令只能针对一个图元操作,因此需要参考前面的操作,用"接合"命令将已分割的齿根圆和上下两个齿形接合为一个图元。

如图 7—43 所示,单击下拉菜单"插入"→"高级复制工具"→"圆形阵列"(图中"1")命令,系统弹出"定义圆形阵列"对话框。

定义阵列数量为齿数,单击 $f_{(x)}$(见图 7—43 中"2"),在系统弹出的"公式编辑器"对话框中输入"z"(齿数变量);角度间距:单击 $f_{(x)}$(见图 7—43 中"3"),在系统弹出的"公式编辑器"对话框中输入"360deg/z",系统根据公式自动计算出角度间距为6.545°;参考图元:单击鼠标右键,在弹出的右键菜单中选择按 Z 轴阵列(见图 7—43 中"4");阵列对象为接合后的单个齿形,最后单击"确定",得到其他齿形。

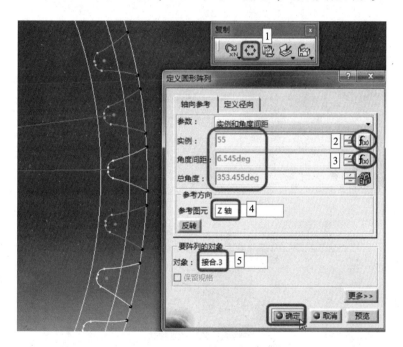

图 7—43 "定义圆形阵列"对话框

15. 切割齿顶圆

参考前面的操作,用"接合"命令将圆形阵列后得到的齿形和第一个齿形接合为一个图元。

单击下拉菜单"插入"→"操作"→"分割"命令,系统弹出"分割定义"对话框,如图 7—44 所示。

定义要切除的图元为齿顶圆(见图 7—44 中"1"),切除图元选择接合后的齿形(见图 7—44 中"2")。最后单击"确定",齿顶圆多余部分被切除。

16. 拉伸全部齿形为实体

参考前面的操作，用"接合"命令将接合后的齿形与齿顶圆保留的部分接合为一个图元。一个封闭的齿形截面就完成了。

单击下拉菜单"开始"→"机械设计"→"零件设计"命令，系统切换回零件设计实体模块。在零件设计模块中，单击下拉菜单"插入"→"基于草图的特征"→"凸台"命令。系统弹出"定义凸台"对话框，如图7—45所示。

实体的截面为接合后的封闭齿形（见图7—45中"2"），拉伸长度为齿轮厚度26 mm（见图7—45中"1"），最后单击"确定"，齿轮实体三维模型创建完成。

图7—44 "分割定义"对话框

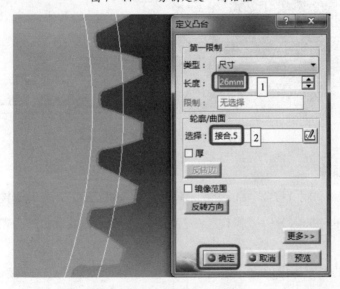

图7—45 "定义凸台"对话框

17. 检验零件模型是否完全参数化

（1）更改齿轮模数。如图7—46所示，单击特征树中"参数"（图中"1"），双击"m"参数，系统弹出"编辑参数"对话框，将齿轮模数更改为1（图中"2"），然后单击"确定"，观察模型是否发生变化。

（2）更改齿轮齿数。如图7—46所示，双击"z"参数，系统弹出"编辑参数"对话框，将齿轮齿数更改为32（图中"3"），然后单击"确定"，观察模型是否发生变化。

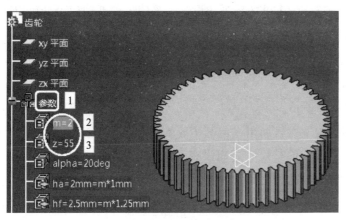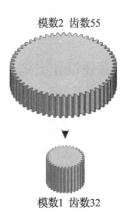

图7—46　修改参数测试模型是否参数化

18. 完成齿轮剩余特征的造型

由于齿轮的键槽孔、减重槽和倒角等特征不属于参数化设计的内容，请读者利用前面章节学到的知识自行完成剩余特征，这里不再赘述。

设计完成的齿轮如图7—47所示。

图7—47　设计完成的齿轮

7.3 设计表格驱动系列化设计的实例

零件是三维 CAD 系统的核心，利用三维 CAD 进行产品设计都是从零件的设计开始的。实际工程中常常有一些零件，形状相似、尺寸大小（即规格）不同，这种零件称为"系列零件"。企业往往需要很多系列零件，如螺栓、螺母、垫圈、轴承、模具及夹具等标准件和通用件。设计时以一个零件为样板，在此基础上派生出一系列新的零件，而无须逐一重新进行零件模型的设计，这称为零件的系列化设计。采用零件系列化设计可以减少零件建模时间，大幅提高设计的效率。

系列化设计实例

系列化设计实例如图 7—48 所示。

分析零件图样，零件本身造型比较简单，但其中有 5 个尺寸不确定，共有三种规格。通过零件参数表可知三种规格的零件其尺寸之间没有可用的公式来关联。对于这种情况，CATIA 提供了将设计参数与表格数据相关联的功能，利用该功能可以实现表格数据与模型之间的实时联动。

具体操作步骤如下：

Step1. 参考前面章节的内容和知识，按照表格序号 1 的数据完成零件的三维造型。

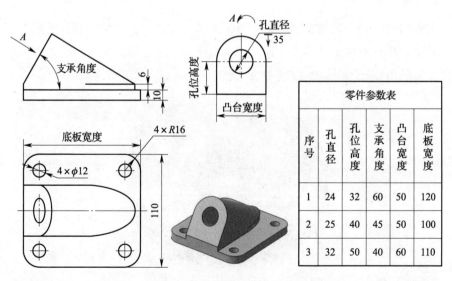

零件参数表					
序号	孔直径	孔位高度	支承角度	凸台宽度	底板宽度
1	24	32	60	50	120
2	25	40	45	50	100
3	32	50	40	60	110

图 7—48 系列化设计实例

Step2. 参考本章齿轮参数的定义过程（见图 7—6）。完成系列化设计实例中 5 个变量参数的定义。定义完成的结果如图 7—49 所示，图中"1"为中文变量名，图中"2"为变量初始值，这里是按照图 7—48 中序号 1 的规格数值定义的。

Step3. 修改三维模型中相关尺寸的定义。将原来的具体数值修改为变量定义（可参考图 7—16、图 7—17），完成后的变量定义和公式定义将出现在左侧结构树中，如图 7—50 所示，图中"1"为变量参数，图中"2"为公式定义，图中"3"为底板宽度修改为变量定义后的变化，与没有关联变量的尺寸相比，只多了一个 f（x）的函数符号。5 个变量关联完成后，零件模型应该没有发生什么变化，下一步的操作才是关键。

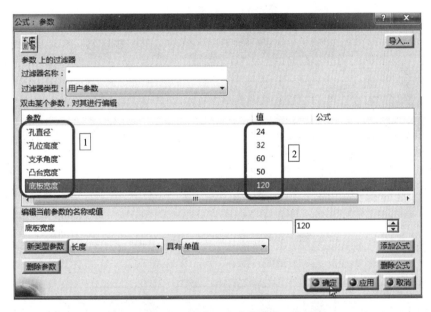

图 7—49　定义系列化设计零件的 5 个变量

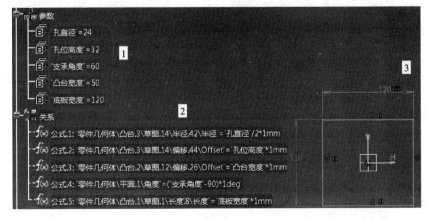

图 7—50　相关尺寸修改为公式定义的结果

Step4. 如图 7—51 所示，单击屏幕下方的"设计表"按钮（图中"1"），系统弹出"创建设计表"对话框。选择"从预先存在的文件中创建设计表"（图中"2"）。单击"确定"，系统弹出选择设计表文件的对话框。这个表格文件格式可以是 Excel 表格文件或文本格式。本书按照 Excel 表格文件来处理零件数据，Excel 表格文件可以用金山 WPS Office 中 WPS 表格或者微软 Office 中的 Excel 软件来创建。

如图 7—52 所示为设计表的内容。其中 A1 的内容必须是"PartNumber"，B1 ~ F1 为变量名。这些变量的名字必须与前面 Step2 操作步骤中的变量名字完全一致，变量之间的顺序没有要求。A2 ~ A4 为零件编号，用户可自行设置，零件编号后面的内容为零件的具体尺寸，请参考图 7—48 中零件参数表的内容填写。

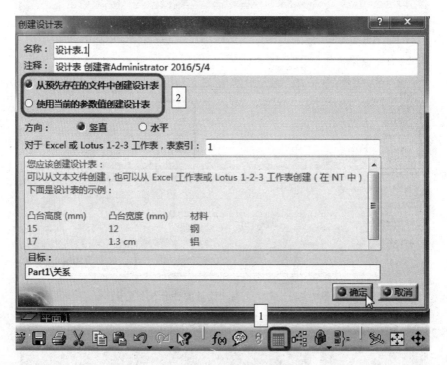

图 7—51　定义设计表

注意：该表格文件的存放路径最好与实体模型的文件存放路径相同。

Step5. 选择设计表文件后，系统将弹出如图 7—53 所示的"自动关联?"对话框，单击"是"。

Step6. 当变量与表格内容关联完成后，系统返回设计表对话框，如图 7—54 所示。

图 7—54 中"1"是选择使用第一行的表格数据来更新实体模型，图 7—54 中"2"的按钮重新编辑 Excel 表格文件的内容。选择表格数据完成后，单击"确定"。CATIA 系统将按照所选的表格数据更新实体模型中对应的变量值，实体模型也随之改变，从而得到新的零部件模型。

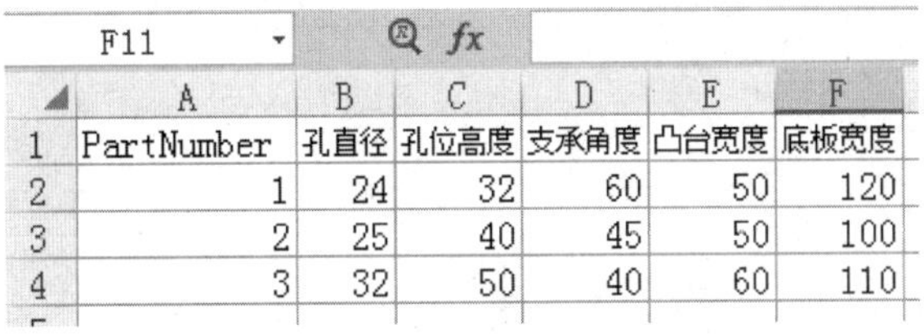

	A	B	C	D	E	F
1	PartNumber	孔直径	孔位高度	支承角度	凸台宽度	底板宽度
2	1	24	32	60	50	120
3	2	25	40	45	50	100
4	3	32	50	40	60	110

图7—52 设计表的内容

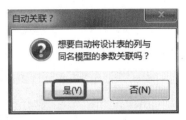

图7—53 自动关联提示对话框

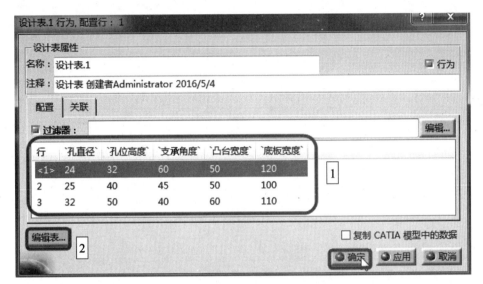

图7—54 设计表与变量关联对话框

上述工作完成后，该系列的零件设计工作被简化为填写表格数据，无须专门的设计人员，既简化了设计工作，又降低了人力成本。

第 8 章

设计结果的输出

要点：

- 掌握将设计完成的产品输出的三种形式

随着科技的发展，现代工业的集成化越来越明显，特别是汽车、飞机等工业产品，其整个设计及制造过程已经不可能由单个企业在同一地点完成了。一个产品的最终生产完成是经历了若干企业的社会化协作的结果。在产品设计及制造过程中，企业之间不仅存在语言上的交流，同时还包括设计、制造、检测直到运输等信息的交流，其中设计结果的信息当然也在其中。

设计结果的输出大致可分为设计效果图的输出、模型文件的输出和二维工程图的输出。下面分别介绍这几种输出形式。

8.1 设计效果图的输出

产品设计效果图是最常用的设计表达手段。任何一个产品的设计构思，如果不能有说服力地把它画出来或做出来，人们终究体会不到它的美妙之处。产品设计效果图的作用是语言文字等表现手段所不可替代的。

利用三维造型软件将设计完成的产品进行配色或贴图，可以使产品设计效果显得完整和协调，产品的质感和光感也更加真实和细腻；将虚拟产品放入真实场景进行渲染，其效果图会将产品形象展现得更加直观，更具真实感。

8.1.1 改变零件颜色及设置零件透明度

改变零件的颜色，可方便用户在复杂的部件中区分出不同的零件。

设置透明度可模拟玻璃透视的效果或看到被外部零件遮挡住的内部零件。

具体操作步骤如下：

Step1. 打开设计完成的零件文件。

Step2. 设置模型的显示模式。

选择下拉菜单"视图"→"渲染样式"→"含材料着色"命令；或者选择下拉菜单"视图"→"渲染样式"→"自定义视图"命令。系统弹出"视图模式自定义"对话框，在该对话框的"网格"区域中选择"着色"复选框及其中的"材料"单选项，并单击"确定"。

Step3. 打开"属性"对话框。

在特征树中用鼠标右键单击 零件几何体，在弹出的快捷菜单中选择 属性 命令，此时系统弹出"属性"对话框。在该对话框中选取 图形 选项卡（见图8—1中"1"）。在这个图形选项卡内可以定义实体零件的颜色和透明度。例如，在"颜色"下拉列表框中选取蓝色（见图8—1中"2"）；将"透明度"的拖曳滑块拖曳至20（见图8—1中"3"）。

Step4. 单击"确定"，就完成了实体零件颜色及透明度的设置，如图8—1所示。

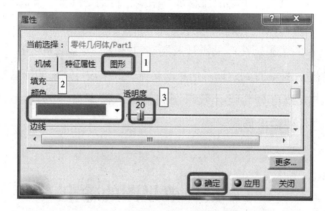

图8—1　设置零件的颜色和透明度

8.1.2　赋予零件材质

通过"应用材料"按钮可将系统自带的材质赋予到零件实体中，使零件看起来更逼真。具体操作步骤如下：

Step1. 打开设计完成的零件或装配文件。

Step2. 设置模型的显示模式。

选择下拉菜单"视图"→"渲染样式"→"含材料着色"命令。

Step3. 选中要赋予零件材质的部件。

在左侧的特征树中选择"Part"或"Product1"。

Step4. 单击屏幕下方工具栏中的"应用材料"按钮 ，系统弹出"打开"对话框，提示将打开默认材质库（见图8—2），单击"确定"，进入材质"库（只读）"对话框，如图 8—3 所示。

Step5. 定义材质。例如，选择"Construction"库（见图 8—3 中"1"），具体材质选"B&W Tiling"（见图 8—3 中"2"）。当然材质的选择要有一定的美术知识，具体零件要具体分析。

最后单击"库（只读）"对话框中的"确定"，完成对零件的材质赋予。

图 8—2 "打开"对话框

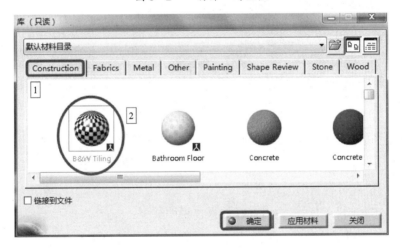

图 8—3 赋予零件材质

8.1.3 贴图

贴图片是另外一种外观处理方式，通过将图片粘贴在部件表面，从而获得更加真实的效果。
具体操作步骤如下：
Step1. 打开设计完成的装配文件。
注意：只有装配文件（∗.CATProduct）才能进行贴图操作。
Step2. 进入"实时渲染"模块。选择下拉菜单"开始"→"基础结构"→"实时渲染"命令。

Step3. 选择命令。如图 8—4 所示，单击屏幕下方"应用材料"工具栏中的 ⬚ 按钮（图中"1"），系统弹出"贴画"对话框（图中"2"）。

Step4. 选择要贴画的零件表面（见图 8—4 中"3"）。在视图区选取模型的所有表面。

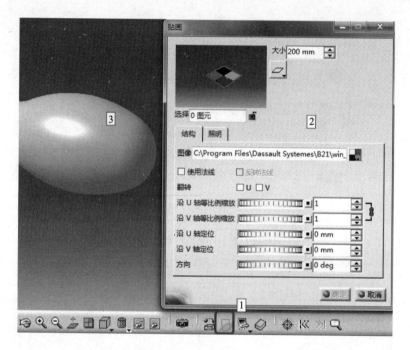

图 8—4　"贴画"对话框

最后单击"贴画"对话框中的"确定"，完成贴图操作。

如果看不到显示效果，则需要设置视图模式为含材料着色。选择下拉菜单"视图"→"渲染样式"→"含材料着色"命令即可。

在图 8—4"贴画"对话框中可选择的操作说明如下：

🔲 ：用于设置贴画平面的尺寸。通常图片尺寸应该比零件大。

🔲 ：用于设置图片的投影方式。下拉列表提供了三种投影方式。

▱ ：平面投影。

🔵 ：球形投影。

🔲 ：圆柱形投影。

"选择"：用于选取进行贴画的对象。

在"结构"页中包含以下命令：

"图像"：单击右侧的 ⬛ 按钮，在系统弹出的"选择文件"对话框中选择需要添加的图片。本例用的是默认贴画，所以没有此步骤。

"使用法线"：若选择此选项后使用垂直贴画，使物体仅在一面有图像；若不选择此选项，在物体两侧均有图像。

"翻转"：使贴画在 U、V 方向进行翻转。

"沿 U 轴等比例缩放"和"沿 V 轴等比例缩放"：贴画在 U、V 方向的大小比例。

"沿 U 轴定位"和"沿 V 轴定位"：改变贴画在 U、V 方向的位置。

"方向"：使贴画的角度旋转。

在"照明"页中包含以下命令：

"颜色"：拖动其中的滑块，可设置灯光亮度。

按钮：单击此按钮，在弹出的"颜色"对话框中可进行灯光颜色的设置。

"发光度"：设置物体自身发光的亮度。

"对比度"：设置光源与物体发光的对比度。

"光亮度"：设置在特定方向上有灯光照射时物体的亮度。

"透明度"：设置贴画的透明度。

"反射率"：设置物体本身对光照的反射程度。

8.1.4 输出只包含产品本身的设计效果图

产品的包装和宣传等工作已经成为专门的行业，在这些行业里也有很多专门针对本行业的软件。输出只包含产品本身的设计效果图，可以使设计工作更加专业化。只输出产品本身的设计效果图，再经过其他行业的软件处理，包括广告创意、平面媒体和视频媒体等手段，几个部门和多个行业的协同工作将更有利于产品的推广和销售。

如图 8—5 所示，当零件或产品设计最终完成后，如果需要输出只包含产品本身的设计效果图，可选择下拉菜单"工具"→"图像"→"捕获"命令，将效果图输出为电子图片的文件格式。

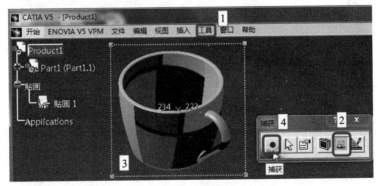

图8—5 截图操作

单击下拉菜单"工具"→"图像"→"捕获"命令（见图 8—5 中"1"），弹出"捕获"工具栏，选择截图类型（见图 8—5 中"2"），摆好零件的姿态后，选取截图范围（见图 8—5 中"3"），单击"截图"按钮（见图 8—5 中"4"）。截图结果出现在"捕获预览"对话框中，此时可以单击"打印"按钮，将效果图通过彩色打印机输出到纸上；或者单击"存盘"按钮，再选择输出图片的类型和图片的文件名即可输出数字化图片。

至于选择哪种图片的类型格式，需要看后续软件的需求而定，这里不再赘述。

8.1.5 输出虚拟产品和真实环境的完整设计效果图

实时渲染模块内置了一个简易的图片工作室，可以直接输出包括虚拟产品和真实环境的完整设计效果图。

具体操作步骤如下：

Step1. 打开设计完成的装配文件。

注意：实时渲染模块只支持装配文件（＊.CATProduct）。

Step2. 进入"实时渲染"模块。选择下拉菜单"开始"→"基础结构"→"实时渲染"命令。

Step3. 选择命令。如图 8—6 所示，单击屏幕下方"图片工作室简易工具"按钮 📷（图中"1"），视图区的背景发生变化。

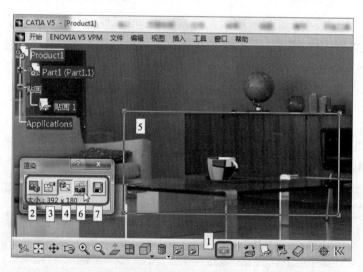

图 8—6　输出虚拟产品和真实环境的完整设计效果图

Step4. 单击图 8—6 中"2"的"选择场景"按钮，在弹出的"场景"对话框中选择与设计产品相适宜的场景。

Step5. 单击图 8—6 中"3"的"渲染选项"按钮，可设置渲染质量。

Step6. 单击图 8—6 中"4"的"定义渲染的区域"按钮，摆好零件的姿态后，在视图区选择生成产品效果图的范围（见图8—6中"5"）。

Step7. 单击图8—6中"6"的"渲染"按钮，系统将按照默认的灯光数、照明亮度等参数进行渲染。如果渲染参数不合适，可单击相应的按钮进行调整。

Step8. 单击图8—6中"7"的"保存"按钮，系统弹出"另存为"对话框，选择输出图片的类型和图片的文件名就完成了虚拟产品和真实环境的完整效果图的输出。

8.2 模型文件的输出

无论是哪种CAD软件，其设计内容都包含着众多特殊的图形，如三维实体、曲面、路径、块、文字等，这些图形都需要转换为二进制编码后，电子设备才可以识别。电子设备为了存储文件信息而使用的特殊编码方式就是文件格式。每一种文件格式通常会有一种或多种扩展名可以用来识别。

绝大多数的CAD软件都使用了自己公司开发的文件格式来存储设计结果。例如，CATIA零件模型的文件格式是CATPart，NX使用的是prt文件格式，SolidWorks使用的是Sldprt文件格式，中望3D软件使用的是Z3文件格式等。不同的企业因为成本、地域等可能使用了不同的CAD软件，而企业之间的社会化协作使得不同CAD系统之间数据交换的需求也随之增加。

在CATIA软件中，输出其他文件格式的操作步骤如下：

Step1. 打开设计完成的零件文件。

Step2. 单击下拉菜单"文件"→"另存为"命令，如图8—7所示。

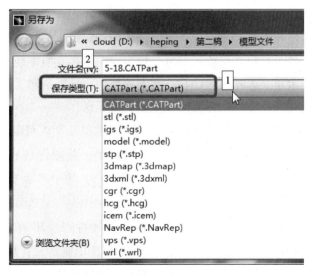

图8—7　选择文件的保存格式

在"保存类型"下拉列表框中（见图8—7中"1"）选取所需要输出的文件格式，再输入文件名和文件保存路径后，单击"保存"按钮就完成了。

默认保存的文件格式是CATPart，这种格式的文件只供CATIA自己使用。

下面讲解几种常用模型文件的输出格式。

8.2.1　IGES

IGES是初始图形交换规范（Initial Graphics Exchange Specification）。

IGES是20世纪80年代初，由美国国家标准局（ANSI）和工业界共同制定的一个中性数据文件交换的格式规范。IGES是一套美国国家标准，它以ASCII或二进制的形式存储图形信息，并且能在不同的CAD系统之间进行信息交换。由于早期CAD技术的局限性，IGES中定义的主要是几何图形方面的信息，而不是产品定义的全面信息，并且IGES存在数据传输不可靠的问题；同时，IGES文件占用空间比其他文件格式要大，影响存储和传输效率。但IGES作为最早的图形交换规范，直到现在仍然被广泛地应用，且获得绝大多数CAD/CAM软件的支持。使用IGES技术形成的文件的后缀名均为".igs"或".iges"。

8.2.2　STEP

STEP是产品模型数据交换标准（Standard for The Exchange of Product model data）。

STEP是第一个被国际化标准组织（ISO）认可的CAD/CAM图形交换规范。鉴于各国在CAD/CAM软件间交互规范、各自为政的情况，ISO借鉴和参考了各种规范，最后形成了新的产品模型数据交换标准STEP，基于STEP标准创建的文件，其后缀名均为：".stp"或".step"。

产品模型数据是指为了产品在整个生命周期中的应用而全面定义的产品所有数据元素，它包括为进行设计、分析、制造、测试、检验和产品支持而全面定义的零部件或构件所需的几何、拓扑、公差、关系、属性和性能等数据。产品模型对下达生产任务、直接质量控制、测试以及进行产品支持功能可以提供全面的信息。

STEP为产品在它的生命周期内规定了唯一的描述和计算机可处理的信息表达形式。这种形式独立于可能要处理这种数据格式的应用软件，并能保证在多种应用和不同系统中的一致性。这一标准还允许采用不同的实现技术，便于产品数据的存取、传输和归档。

STEP中定义的应用协议通过解释集成资源来满足特定应用的信息要求。这解决了IGES标准适应面窄的问题。目前有27个应用协议在标准中制定，有几个已达到国际标准。例如，AP201为显示绘图应用协议，AP202为相关绘图应用协议，AP203为配置控制的设计（主要用于 3D 设计和产品设计），AP214 为汽车机械设计应用协议，AP238 为集成 CNC 加工等，覆盖了一般机械设计和工艺、电工电气、电子工程、造船、建筑、汽车制造等领域。

目前机械零件的设计主要使用 AP203 和 AP214 两种协议。AP203 是给通用机械做的，AP214 是给汽车行业做的，实际使用中感觉两者区别不是很大。

德国和日本对 STEP 应用进行了工程实践测试，对线框和曲面模型进行了全面验证和测试，IGES 文件达到 90% 的成功率，STEP 文件达到 95% 的成功率，这些应用实践测试结果表明，STEP 提供了更好的转换机制，STEP 效果要优于 IGES。

8.2.3　STL

STL（STereo Lithograph）文件格式是由 3D Systems 公司于 1988 年制定的一个接口协议，是一种为快速原型制造技术服务的三维图形文件格式。3D 打印技术是目前制造业最热门的技术。3D Systems 制定 STL 文件交换主要是应用在 3D 模型逆向工程和 3D 打印中，目前 STL 格式得到了绝大多数逆向工程软件的支持，包括 Pro/E、UG NX、CATIA、Solid-Works、Imageware、Geomagic Studio、CopyCAD、RapidForm 和中望 3D 等。

输出 STL 格式的文件给 3D 打印机，可直接将设计完成的虚拟零件通过 3D 打印变成实物零件，省去了传统的零件制造过程。

8.2.4　其他文件格式的输出

以下几种文件格式都是在非制造业领域使用的。

3DXML 是一种基于 XML 的轻量化的 3D 数据格式。文件体积小，方便网络传输，主要用在网页展示等相关领域。

CGR 是一种可视化的文件，不包含几何信息，不可编辑，文件体积小，主要用于大型装配模型的展示。

WRL 是一种虚拟现实文本格式文件，在虚拟现实等相关领域使用。

这几种文件格式的使用领域比较窄，本书篇幅有限，不再一一讲解。

8.3　二维工程图的输出

传统的二维工程图的知识体系是人们在长期的生产实践中总结出来的，在工业生产中发挥了重要的作用。工程图作为工程界沟通设计思想的语言，其中还包含着国家标准乃至国际通用的约定和简化，通过选择最合适的投影面、剖切位置、剖切方式来表达零件的几何和加工信息，具有简单、准确、完整等特点。

二维工程图在对零件的各种属性的表达方面优势比较明显。如描述零件尺寸公差，二维工程图采用了上、下极限偏差或公差带代号表示，表达清晰，读图方便；描述零件的表面粗糙度时采用了表面粗糙度符号和表面粗糙度数值，读起图来也非常明确；对零件的几何公差，在零件图上采用了几何公差符号、数值和基准代号来表达，这样的表达清楚、直观。在一张完整的零件图中，那些通用的表达方法和手段只要使用得当，就能够正确地描述零件的各种属性，满足生产或科研的需要。

由于工程图目前应用很广泛，机械相关专业的学生还需要完成二维工程图的训练，掌握相关的知识和技能，最终具备通过图样与他人进行沟通的能力。

CATIA 可以方便、高效地根据设计完成的三维零件直接生成二维工程图，且该工程图与装配模型或单个零件保持关联和同步更新。

8.3.1 输出二维工程图实例

如图 8—8 所示的三维造型零件为水龙头旋钮的外形模型。其造型过程如图 8—9 所示。

图 8—8 水龙头旋钮的外形模型

具体造型过程如下：本体为旋转体，其旋转草图如图 8—8 中 "1" 所示；外轮廓有六个拉伸凹槽，其拉伸草图如图 8—8 中 "2" 所示。造型思路是先绘制旋转草图，然后将旋转草图旋转 360°，就得到了本体；再绘制拉伸草图，完成后用拉伸草图制作 1 个凹槽，其他 5 个凹槽通过圆形阵列得到；最后将所有棱边倒 $R1$ mm 的圆角。

根据造型过程，如果需要输出二维工程图，必须表达清楚旋转草图和拉伸草图所需要的尺寸。整个形状可提供一个轴测图以帮助快速读图。

用传统绘制工程图的方法很难表达这个三维模型。其难点在于如何绘制零件表面的相交线，而不规则零件的轴测图绘制在传统工程图的绘图方法中是最难的。

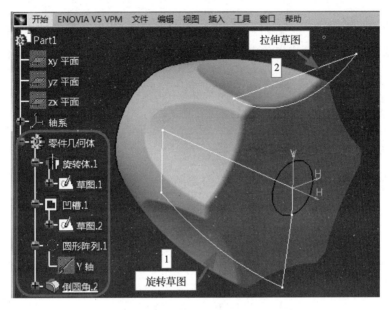

图 8—9   零件造型过程分析

8.3.2   利用 CATIA 软件自动生成投影视图

工程图是按照三维模型的投影关系生成的，主要用来表达部件模型的外部和内部的结构与形状。CATIA 可以根据设计完成的三维零件，非常方便地直接投影生成二维工程图。其操作步骤如下：

1. 生成主视图

Step1. 打开设计完成的零件文件。

Step2. 新建一个工程图文件。

（1）选择下拉菜单"文件"→"新建"命令，系统弹出"新建"对话框。

（2）在"新建"对话框的"类型列表"选项组中选择"Drawing"，单击"确定"，系统弹出"新建工程图"对话框，如图 8—10 所示。

（3）在"新建工程图"对话框的标准下拉列表中选择"ISO"（见图 8—10 中"1"），在"图纸样式"选项组中选择"A4 ISO"（见图 8—10 中"2"），单击"确定"，系统进入工程图模块。

Step3. 选择命令。选择下拉菜单"插入"→"视图"→"投影"→"正视图"命令或单击命令图标 🔲，如图 8—11 中"1"所示。

Step4. 切换窗口。在系统"在 3D 几何图形上选择参考平面"的提示下，选择下拉菜单"窗口"→"零件实体模型"，切换到零件模型的窗口。

Step5. 选择投影平面。在特征树中选取 xy 平面作为投影平面，系统返回工程图窗口。

如图 8—11 所示，图中"2"为方向控制器，图中"3"为投影预览的结果。

Step6. 放置视图。在图样上单击以放置主视图，完成主视图的创建。

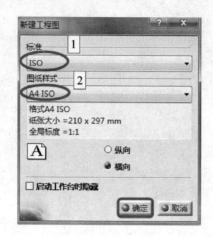

图 8—10　新建工程图

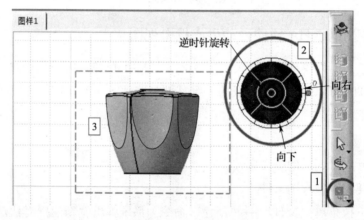

图 8—11　生成主视图

操作说明如下：

（1）选取投影平面时，可以选构图平面，也可以直接选取实体零件上的平面。

（2）方向控制器分为 3 层，最外层为箭头。单击"向右箭头"，图 8—11 所示的预览结果将向右旋转 90°。单击方向控制器中的"向下箭头"，图 8—11 所示的预览结果将向下翻转 90°。

（3）方向控制器第 2 层为旋转。单击"逆时针旋转箭头"，图 8—11 所示的预览结果将沿逆时针旋转 30°。

（4）方向控制器的中心为"确定"。单击方向控制器的中心，预览结果将变成主视图。主视图用来表达图 8—9 所示零件造型过程中旋转草图的形状和尺寸。

2．创建投影视图

投影视图包括俯视图、仰视图、左视图和右视图。操作过程如下：

Step1．选择命令。选择下拉菜单"插入"→"视图"→"投影"→"投影"命令或单击命令图标 ▣⁵，如图8—12中"1"所示。在绘图区出现投影视图的预览图。

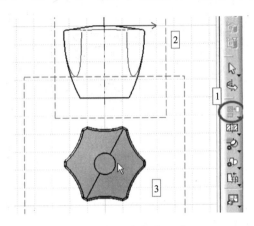

图 8—12　生成俯视图

Step2．放置视图。在主视图下方的任意位置单击，生成俯视图，如图8—12中"3"处的图所示。

操作说明：将鼠标分别放在主视图的下方或上方，投影视图会相应地变成俯视图或仰视图；将鼠标分别放在主视图的左侧或右侧，投影视图则变成左视图或右视图。

注意：主视图必须处于激活状态，图8—12中"2"处图的红色虚线框就说明激活了主视图。

俯视图用来表达图8—9所示零件造型过程中拉伸草图的形状和尺寸。

由于主视图和俯视图已经完全表达清楚零件造型过程中所需要的形状和尺寸，就不需要生成左视图了。

3．创建轴测图

创建轴测图的目的主要是方便读图。具体操作过程如下：

Step1．选择下拉菜单"插入"→"视图"→"投影"→"等轴视图"命令或单击命令图标 ▣。

Step2．切换窗口。在系统"在3D几何图形上选择参考平面"的提示下，选择下拉菜单"窗口"→"零件实体模型"，切换到零件模型的窗口。

Step3．选择投影平面。在特征树中选取 xy 平面作为投影平面，系统返回工程图窗口。

如图8—13所示，图中"2"为轴测图预览的结果，单击放置轴测图的位置完成轴测图的创建。

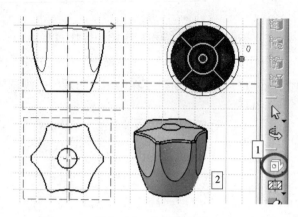

图 8—13　生成轴测图

操作说明：虽然可以利用"方向控制器"调整视图的方向，但建议最好在实体模型窗口里就调整好零件的显示位置。

三个视图生成后的结果如图 8—14 所示。图中"1"为三个视图的名称，在视图名称上单击鼠标右键，在"属性"菜单里可以调整视图的比例、是否需要生成隐藏线条、中心线等内容。

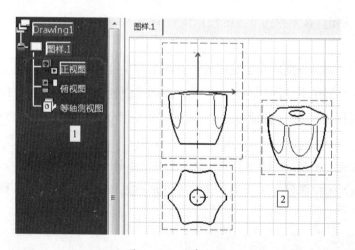

图 8—14　全部视图

注意：这些视图的生成规则是依据图 8—9（图中"1"）的"ISO"工程图规则。由于我国对工程图有自己的国家标准（GB），国家标准 GB 在前面的视图生成规则上基本与 ISO 相同，但在后续的尺寸标注、剖视图的标注等细节内容上，GB 与 ISO 有不少区别。目前 CATIA 还不支持我国的 GB，因此后面的尺寸标注、图幅设置和标题栏等内容就不在 CATIA 里完成，而是通过导出 DXF 文件格式的方法，将前面完成的三个视图转换到完全支持 GB 的 CAXA 电子图版软件里，再进行后续的尺寸标注、图幅的设置和标题栏的填写等内容。

DXF 是 Autodesk 公司开发的用于 AutoCAD 与其他软件之间进行工程图数据交换的 CAD 数据文件格式。由于 AutoCAD 在二维工程图领域用户数量巨大，DXF 也被广泛使用，成为了事实上的标准。DXF 作为一种开放的矢量数据格式，绝大多数支持二维工程图的 CAD 系统都能读入或输出 DXF 文件。

4. 导出 DXF 格式的文件

单击下拉菜单"文件"→"另存为"命令。

在"保存类型"下拉列表框中选取需要输出的 DXF 文件格式，再输入文件名和文件保存路径后，单击"保存"按钮就完成了 DXF 文件的输出。

5. 启动 CAXA 电子图版

使用"打开"命令，打开前面保存的 DXF 文件。完成后续的图幅设置、尺寸标注、技术要求和标题栏的填写。最终完成的图样如图 8—15 所示。

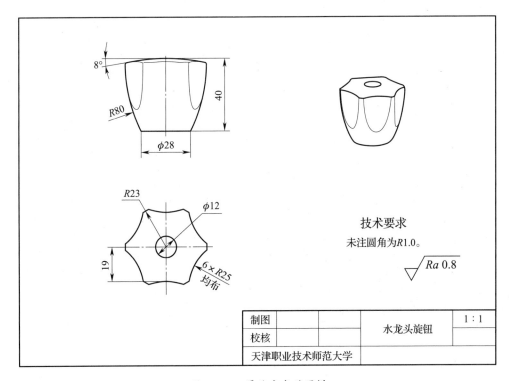

图 8—15　最终完成的图样

由于本书篇幅有限，CAXA 电子图版的操作内容请读者参考相关书籍，自行完成图 8—14 的后续操作。

附录

本课程的完成进度条

第2章　零件的二维线框造型

图 2—6	图 2—21	图 2—22	图 2—23	图 2—24	图 2—25	图 2—26	图 2—27	图 2—28	图 2—29	图 2—30	图 2—31	图 2—32	图 2—33	图 2—34

10%

第3章　零件的三维实体造型

图 3—6	图 3—28	图 3—33	图 3—48

20%

第4章　零件的三维曲面造型

图 4—7	图 4—19	图 4—36

30%

第5章　综合练习

图 5—1	图 5—2	图 5—3	图 5—4	图 5—5	图 5—6	图 5—7	图 5—8	图 5—9	图 5—10	图 5—11	图 5—12	图 5—13	图 5—14	图 5—15	图 5—16
图 5—17	图 5—18	图 5—19	图 5—20	图 5—21	图 5—22	图 5—23	图 5—24	图 5—25	图 5—26	图 5—27	图 5—28	图 5—29	图 5—30	图 5—31	图 5—32
图 5—33	图 5—34	图 5—35	图 5—36	图 5—37	图 5—38	图 5—39	图 5—40	图 5—41	图 5—42	图 5—43	图 5—44	图 5—45	图 5—46	图 5—47	图 5—48
图 5—49	图 5—50	图 5—51	图 5—52	图 5—53	图 5—54	图 5—55	图 5—56	图 5—57	图 5—58	图 5—59	图 5—60	图 5—61	图 5—62	图 5—63	图 5—64

37%

45%

55%

65%

图5—65	图5—66	图5—67	图5—68	图5—69	图5—70	图5—71	图5—72	图5—73	图5—74	图5—75	图5—76	图5—77	图5—78	图5—79	图5—80	75%

图5—81	图5—82	图5—83	图5—84	图5—85	85%

第6章　装配设计

图6—5	图6—22	图6—23	图6—24	图6—25	图6—26	图6—27	图6—28	图6—29	图6—30	图6—31	图6—32	图6—33	95%

第7章　参数化设计

图7—1	图7—48	100%

注：每完成一个图，请在该图对应的表格处打"√"。

参考文献

［1］何平．加工中心仿真实训教程［M］．北京：国防工业出版社，2015．

［2］北京兆迪科技有限公司．CATIA V5 宝典［M］．北京：机械工业出版社，2013．

［3］詹熙达．CATIA V5R20 产品设计实例精解［M］．北京：机械工业出版社，2011．

［4］袁锋．计算机辅助设计与制造实训图库［M］．北京：机械工业出版社，2013．

［5］何煜琛．三维 CAD 习题集［M］．北京：清华大学出版社，2010．